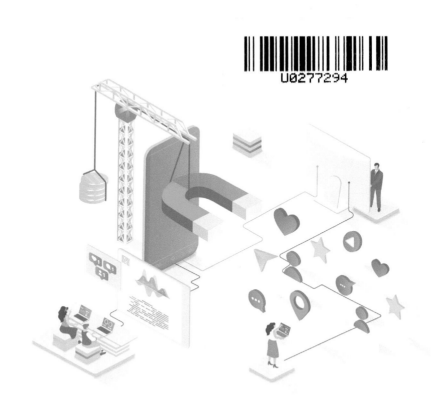

LIVE 零基础搭建直播室
与云直播平台

姚大庆 著 >

人民邮电出版社

北 京

图书在版编目（ＣＩＰ）数据

零基础搭建直播室与云直播平台 / 姚大庆著. -- 北
京 : 人民邮电出版社, 2021.2 (2024.2重印)
ISBN 978-7-115-54730-9

Ⅰ. ①零… Ⅱ. ①姚… Ⅲ. ①现场直播—网络服务器
—安装 Ⅳ. ①TP368.5

中国版本图书馆CIP数据核字(2020)第159854号

内 容 提 要

　　本书首先介绍了视频流媒体直播的常见协议、构成环节，以及流媒体服务器的安装步骤，然后详细介绍了在不同的系统中安装 SRS、MistServer 等流媒体服务软件。接下来分享了一些与直播相关的实用工具软件以及这些软件的使用技巧，最后着重讲解了 5 个面向不同层次的直播网站的搭建和 11 个典型的适合网上教学及活动直播的综合应用案例。

　　本书适合需要用到网上直播的自媒体从业者、需要搭建网上直播课堂的学校老师、企事业单位的直播技术人员，以及其他对直播技术感兴趣的爱好者学习使用。

◆ 著　　　　　姚大庆
　　责任编辑　　王峰松
　　责任印制　　王 郁　焦志炜

◆ 人民邮电出版社出版发行　　北京市丰台区成寿寺路 11 号
　　邮编　100164　　电子邮件　315@ptpress.com.cn
　　网址　https://www.ptpress.com.cn
　　北京天宇星印刷厂印刷

◆ 开本：787×1092　1/16
　　印张：19.75　　　　　　　　2021 年 2 月第 1 版
　　字数：417 千字　　　　　　2024 年 2 月北京第 3 次印刷

定价：109.00 元

读者服务热线：(010)81055410　印装质量热线：(010)81055316
反盗版热线：(010)81055315
广告经营许可证：京东市监广登字 20170147 号

推荐序

姚大庆老师在深圳广播电视大学从事数字媒体、教育技术、资源建设等方面的多项工作，敬业爱岗，兢兢业业。他制作的户外大屏幕宣传片令人惊艳；他拍摄制作的多部视频课件入选了国家开放大学精品在线开放课程和国家级精品开放课程；他主导设计的演播室、微课录制室成为了深圳广播电视大学的亮点。

他喜欢钻研业务，除了承担学校的摄影摄像工作，还利用闲暇时间开发了媒体资源管理系统，该管理系统用于存放照片和视频资源，成为了学校同事们常用的照片资源仓库。

2018年，深圳广播电视大学残疾人教育学院的"素描1"课程需要进行网上教学，该学院学生众多，并分布在全国各地。由于外地学员访问校内服务器时网络速度不够理想，因此他主动请缨，提出使用云直播的方案，并搭建了远程课堂，成功地进行了网上视频直播教学，深受师生欢迎。经过姚大庆老师不断开发改进，云直播在线课堂成为深圳广播电视大学主要的直播平台。

"功崇惟志，业广惟勤。"姚大庆老师把自己多年的视频直播和网站搭建经验凝聚成如今这样一本著作，离不开他在本职工作岗位上坚定目标、十年如一日的辛勤钻研和点滴积累。

本书的内容是他扎根实践、与时俱进、不断创新、苦心孤诣摸索总结出来的，具备很强的指导性和实战性。同时，本书也是视频直播这个领域里国内少有的专著，起到了引领直播行业的作用。对于从事教育技术的人员，本书还是通向远程课堂成功的"密钥"。

深圳广播电视大学正在建设满足深圳城市发展需要的一流城市开放大学，未来将继续打造"互联网＋终身教育"的主阵地。姚大庆老师作为一位技术骨干，他的这本书集成了软件、硬件和网络等多个领域的技术，可以说是为深圳广播电视大学不断创新前进添加了一个美丽的注脚。

希望广大读者能够通过本书提升自己的技术，并从中汲取作者勤于钻研、勇于创新的精神力量，终身学习，终身受益。

胡新生

博士、教授

中国教育技术协会学术委员兼理事

广东省成人教育协会副会长

深圳市成人远程教育研究所所长

前　言

十几年前，我开始接触视频流媒体直播，起初用的是 Windows Media，后来换成 Flash Media，当时的视频普遍还是分辨率为 352×288、码流为 350Kbit/s 这种很低的规格。

去年，有感于一些市场上销售的商业直播系统存在一些问题，如视频格式非主流不通用、软件代码闭源等，其已经无法满足新形式下的用户需求，经过不断尝试，我选用了开源免费软件和常规硬件搭建直播系统，根据不同的需求，总结了多种直播方案，并学习了 PHP、JavaScript、Ajax 编程技术，开发了简单实用的直播管理系统。

起初，我准备撰写一些直播推流案例的内部培训资料，后来觉得如果不了解流媒体服务器，可能不容易理解推流认证，于是又撰写了流媒体服务器的相关内容，再后来又感到如果不了解直播管理程序的编程思路，则无法对直播过程中出现的问题进行很好的处理……最终，我决定系统地写一本书。

本书针对视频直播的基础应用，不涉及高深的底层开发技术，适合具有一般计算机水平的读者阅读。虽然书中介绍的可能只是一些"雕虫小技"，但是希望它们能给读者带来实质性的帮助或启示。

在本书的写作过程中，我得到了人民邮电出版社王峰松编辑的热心指点，得到了同事、朋友和家人的鼓励与支持，在此一并表示感谢！特别感谢深圳广播电视大学，这所开放与自由的大学给了我充分实践的机会，使我得以总结出版拙作。

由于本人学识水平有限，书中的内容和程序难免有不妥和疏漏，恳请读者批评指正，如有任何问题，可以通过如下方式联系我。

邮箱：5353162@qq.com。

码云地址：https://gitee.com/qingmedia/Live-Event-Management。

姚大庆

资源与支持

本书由异步社区出品，社区（https://www.epubit.com/）为您提供相关资源和后续服务。

配套资源

本书提供如下资源：

- 书中彩图文件。
- 部分案例的程序代码。

要获得以上配套资源，请在异步社区本书页面中单击 配套资源 ，跳转到下载界面，按提示进行操作即可。注意：为保证购书读者的权益，该操作会给出相关提示，要求输入提取码进行验证。

提交勘误

作者和编辑尽最大努力来确保书中内容的准确性，但难免会存在疏漏。欢迎您将发现的问题反馈给我们，帮助我们提升图书的质量。

当您发现错误时，请登录异步社区，按书名搜索，进入本书页面，单击"提交勘误"，输入勘误信息，单击"提交"按钮即可，如下图所示。本书的作者和编辑会对您提交的勘误进行审核，确认并接受后，您将获赠异步社区的 100 积分。积分可用于在异步社区兑换优惠券、样书或奖品。

扫码关注本书

扫描下方二维码，您将会在异步社区微信服务号中看到本书信息及相关的服务提示。

与我们联系

我们的联系邮箱是 contact@epubit.com.cn。

如果您对本书有任何疑问或建议，请您发邮件给我们，并请在邮件标题中注明本书书名，以便我们更高效地做出反馈。

如果您有兴趣出版图书、录制教学视频，或者参与图书翻译、技术审校等工作，可以发邮件给我们；有意出版图书的作者也可以到异步社区在线投稿（直接访问 www.epubit.com/selfpublish/submission 即可）。

如果您来自学校、培训机构或企业，想批量购买本书或异步社区出版的其他图书，也可以发邮件给我们。

如果您在网上发现有针对异步社区出品图书的各种形式的盗版行为，包括对图书全部或部分内容的非授权传播，请您将怀疑有侵权行为的链接发邮件给我们。您的这一举动是对作者权益的保护，也是我们持续为您提供有价值的内容的动力之源。

关于异步社区和异步图书

“**异步社区**”是人民邮电出版社旗下 IT 专业图书社区，致力于出版精品 IT 技术图书和相关学习产品，为作译者提供优质出版服务。异步社区创办于 2015 年 8 月，提供大量精品 IT 技术图书和电子书，以及高品质技术文章和视频课程。更多详情请访问异步社区官网 https://www.epubit.com。

“**异步图书**”是由异步社区编辑团队策划出版的精品 IT 专业图书品牌，依托于人民邮电出版社几十年的计算机图书出版积累和专业编辑团队，相关图书在封面上印有异步图书的 LOGO。异步图书的出版领域包括软件开发、大数据、人工智能、软件测试、前端、网络技术等。

异步社区

微信服务号

目　录

第 *1* 章

视频流媒体直播概述

以前看世界杯直播只能坐在电视机前，而如今可以选择电视、电脑、手机以及平板等众多设备，随时随地关注赛事，不用担心错过任何精彩瞬间，这一切都源于视频流媒体直播技术的发展。视频流媒体直播技术广泛应用于在线教育培训、活动庆典直播、数字电视广播、视频聊天通信、个人娱乐直播等众多领域。

1.1 视频点播与直播

可能大家在网上看视频多数是用点播的方式。点播与直播有什么不同呢？点播是将做好的视频内容放在服务器上，用户点击后，浏览器等客户端将视频下载到本地硬盘后再播放，就好比图 1-1-1 中的顾客在咖啡馆点了一杯咖啡，倒满杯子后再喝。而直播的节目源是连续传输的，边传边看，就像对着水管直接喝似的。

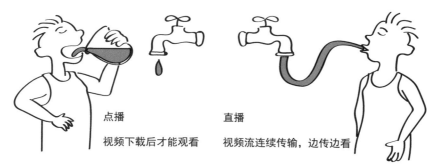

点播
视频下载后才能观看

直播
视频流连续传输，边传边看

图 1-1-1

早期的点播技术曾采用 RTMP 协议，而现在几乎都改为使用 HTTP 协议。按照常规的 HTTP 协议下载视频文件进行点播，必须等视频文件下载完成后才能播放，由于视频文件一般都比较大，将等待很长时间。对视频文件及 HTTP 服务器进行少许改进后，只需要下载缓存一定的数据量，一般只需几秒，就可以边下载缓存边观看视频了，这就是所谓的 HTTP 流式下载点播技术。如同图 1-1-2 中的人，不必等待杯子续满，就可以一边续一边用吸管喝。

视频流媒体直播是对连续不断的音视频进行捕获，以某种编码算法进行实时压缩，再基于特定的协议将数据分包，并像流水般不断地发送流媒体（streaming media）数据，用户通过网络即时接收并解码来进行收看和收听。

HTTP流式下载点播

视频下载缓存一定量
后就可以观看

图 1-1-2

视频与音频一般是同步传输的，处理视频比处理音频所需的计算量与带宽要大得多。本书所称视频如果不特别声明，都包含音频。

1.2　常见直播协议

目前国内直播网站使用的常见直播协议主要有 RTMP、HTTP-FLV 和 HLS，而 DASH 由于对 HTML5 的原生支持以及不依赖 Flash，在国外推广得比较快，国内也开始出现少量应用。其他直播协议（如 RTSP）多用于监控与数字电视行业，WebRTC 主要针对实时交互方面的应用。

RTMP（Real Time Messaging Protocol）由 Adobe 公司开发，基于 Flash Video 视频流媒体，需要使用 Flash 播放器。它的直播延时较低，一般在数秒之内，而且效果非常稳定。得益于 Flash 的巨大影响力，RTMP 在视频直播和点播领域具有重要地位。由于 Flash 频出的安全漏洞、高能耗等诸多问题，移动终端不支持 Flash，PC 的浏览器也基本抛弃了 Flash，因此出现了其他几种直播协议，它们都试图取代 RTMP。尽管如此，RTMP 协议仍然广泛地应用于视频推流。

HTTP-FLV（HTTP Flash Video）是将流媒体数据封装成 FLV 格式，客户端通过 HTTP 协议拉取 FLV 视频流，类似 HTTP 流式下载点播，如图 1-2-1 所示，其延时与 RTMP 差不多。FLV 需要使用 Flash 播放器或其他途径如 flv.js 来播放。

苹果公司为绕开 Flash 的问题，开发了 HLS（HTTP Live Streaming）协议，它基于 HTTP 传输流媒体，不需要使用专用的网络端口。该协议当初主要为 iOS 系统服务，现在安卓平台也支持该协议。

HLS 协议涉及两个关键的文件类型：一是扩展名为 ts 的视频文件，它采用"Transport Stream"封装格式，它的突出特点是将视频文件进行任意分切后都可以正常播放；二是扩展名为 m3u8 的文本文件，它采用 UTF-8 编码，记录了 ts 视频文件的访问路径索引。

FLV直播

类似HTTP流式下载点播

图 1-2-1

　　HLS 直播的原理是将流媒体视频分切成多个时长为若干秒、连续而短小的 ts 视频文件，其路径不断更新，并被记录在 m3u8 索引文件中，客户端通过读取 m3u8 文件，轮流无缝播放这些 ts 视频文件，以点播的方式达到直播的效果。就像是在喝无限续杯的饮料（图 1-2-2），一杯喝完就换一杯满的，不断循环，从而保证不断流。假设一个"转盘（m3u8）"里有 6 个"小杯（ts）"，每个装满需 5 秒，为了尽可能保证供给，装满 6 杯后再喝，则喝到的这一杯是 30 秒前装满的，所以 HLS 的延时较高。如果要降低延时，就必须将 ts 切片减小，但这样会增大对服务器的下载请求压力。

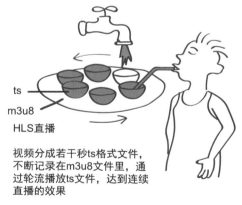

ts

m3u8

HLS直播

视频分成若干秒ts格式文件，
不断记录在m3u8文件里，通
过轮流播放ts文件，达到连续
直播的效果

图 1-2-2

　　DASH（Dynamic Adaptive Streaming over HTTP）是一种新的视频传输协议，基于 HTTP 传输，由微软、苹果、Adobe 等公司共同主导完成，于 2012 年制定标准。DASH 原生支持 HTML5，还可以在 Web 浏览器中实现受 DRM 保护的播放。DASH 的原理类似 HLS，也是将视频切成小段，但是 HLS 每个小的片段都编码成几种不同的码率、分辨率等，可以根据当前的网络带宽来下载合适码率的视频片段，最大限度避免停顿或重新缓冲，因此 DASH 在延时和流畅度方面都比 HLS 有很大改善，是一个很有前途的直播协议。

　　RTSP（Real Time Streaming Protocol）是 TCP/IP 协议体系中的一个应用层协议，普遍应用在视频会议、监控摄像、数字电视广播等行业。

HDS（Adobe HTTP Dynamic Streaming）是 Adobe 公司推出的另一种直播协议，它基于分段的 F4V 文件格式，通过 HTTP 传输音视频流，需要 Flash 插件播放，在国内很少见到它的应用。

WebRTC（Web Real-Time Communication）是一个基于网页浏览器进行实时音视频通信的应用程序接口（API），它于 2011 年 6 月 1 日开源并在 Google、Mozilla、Opera 的支持下被纳入万维网联盟的 W3C 推荐标准。WebRTC 的显著特点之一是视频的延时特别小，主要目的是满足双向视频实时互动的需求。现在国内的视频服务提供商正在积极地开发基于 Web RTC 的大规模直播基础平台。

1.3 流媒体直播的构成环节

一个基本的直播系统一般由"媒体源""视频编码和推流客户端""服务器（流媒体和 Web 服务）""播放终端"等环节构成，如图 1-3-1 所示。

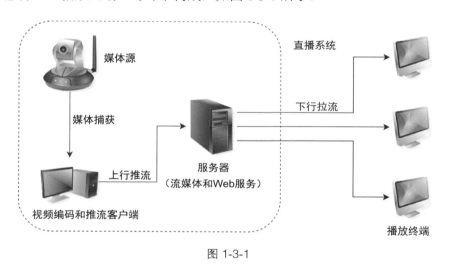

图 1-3-1

1.3.1 媒体源

摄像头、专业摄像机、录像机、监控网络摄像头、多媒体文件、电脑显示器等都是常用的媒体源。不同的媒体源通过不同手段如捕获、抓取等，输入原始音视频数据到视频编码、推流客户端。

1.3.2 视频编码和推流客户端

视频编码和推流客户端对原始音视频数据进行采集处理加工，编码成流媒体数据，推送到流媒体服务器。

有一些软件如 FMLE、OBS Studio、FFmpeg、FFsplit、XSplit 可以采集音视频信号，

并对其进行编码和推流。另外还有一些硬件编码推流设备内嵌了音视频捕获和推流功能。

1.3.3　流媒体和 Web 服务器

　　流媒体服务器接收音视频流并实现流媒体的分发，供众多用户观看。流媒体服务软件也有不少，笔者曾经用过的就有微软的 MMS（Microsoft Media Server）、Adobe 公司的 AMS、Red5、SRS 以及腾讯的云直播。

　　Web 服务器负责呈现直播节目的信息发布与播放等。

1.3.4　播放终端

　　播放终端常见的有 PC 机、手机和平板电脑，常见的操作系统有 Windows、安卓、苹果系统等。观看直播所使用的浏览器的种类也有很多，但它们往往在渲染页面上有差异，因此适配不同种类的浏览器成了很重要的工作。

1.4　视频流媒体直播初体验

　　为了更好地了解视频流媒体直播系统环节的构成，让我们来搭建一个简单的直播系统，所需要的设备及软件参见表 1-4-1。

表 1-4-1

序号	硬件设备	主要软件	说明
1	流媒体服务器	Adobe Media Server 5.0.15	Windows 7（64 位）
2	USB 摄像头	无需特殊软件	可用笔记本电脑内置摄像头
3	编码推流客户端	Flash Media Live Encoder 3.2	Windows 操作系统
4	播放终端	Web 浏览器	Windows 操作系统

　　表 1-4-1 中列出了 3 台电脑主机，其中"USB 摄像头"安装在"编码推流客户端"电脑主机上，如果使用笔记本电脑，可以使用内置摄像头代替。此电脑主机需要安装软件 Flash Media Live Encoder 3.2（以下简称 FMLE）。

　　"播放终端"主要使用 Web 浏览器来观看直播，需要安装 Flash 插件，因此建议操作系统为 Windows 7 或者 Windows 10。

　　"流媒体服务器"将安装 Adobe Media Server 5.0.15（以下简称 AMS），AMS 5 需要 64 位操作系统，建议用 64 位 Windows 操作系统。

　　如无多余的电脑主机，可以使用一台台式机作为"播放终端"，并安装 VMware Player，创建一个虚拟机作为"流媒体服务器"，这样，总共只需要 2 台物理机就能完成搭建。

当然，使用一台电脑使它同时担任 3 个不同角色也可以，只是由于视频和音频信号的输入捕获及输出播放都在同一台电脑上，如果操作设置不当，会造成播放的声音反馈到推流的音频输入，造成回音或啸叫等不良影响，因此建议"编码推流客户端"使用独立的电脑。

1.4.1　安装配置流媒体服务器

先将作为"流媒体服务器"的电脑主机安装好 64 位 Windows 7 系统，设置 IP 为静态固定 IP，本节以 192.168.0.10 为例。安装配置流媒体服务器的步骤如下。

1. 安装 AMS

以下演示皆以 AMS 5.0.15 版本为准，双击 AdobeMediaServer5_x64.exe 安装程序，首先短时间闪现图 1-4-1 所示的画面。

图 1-4-1

然后出现安装窗口，选择"I accept the agreement"（我接受该协议），单击【Next】按钮继续（图 1-4-2）。

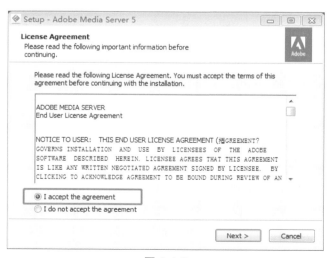

图 1-4-2

接下来窗口提示 "Enter your serial number."（输入序列号），没有序列号也没关系，单击【Next】按钮继续（图 1-4-3）。

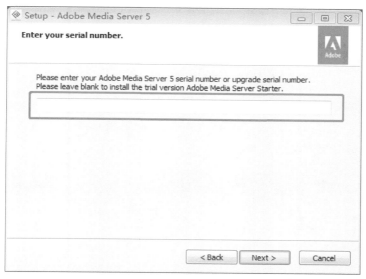

图 1-4-3

安装程序提示未填写序列号，将安装 AMS5 试用版（图 1-4-4），试用版仅支持 10 个客户端连接。

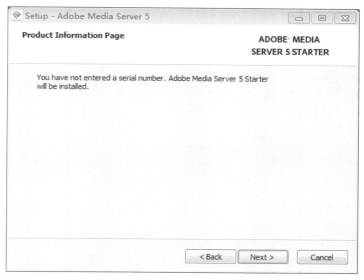

图 1-4-4

接下来提示选择安装的目标文件夹，按默认设置继续单击【Next】按钮（图 1-4-5）。

窗口提示选择需要安装的部件，AMS 捆绑了一个 Web 服务软件 Apache，按默认选择安装即可，单击【Next】按钮继续（图 1-4-6）。

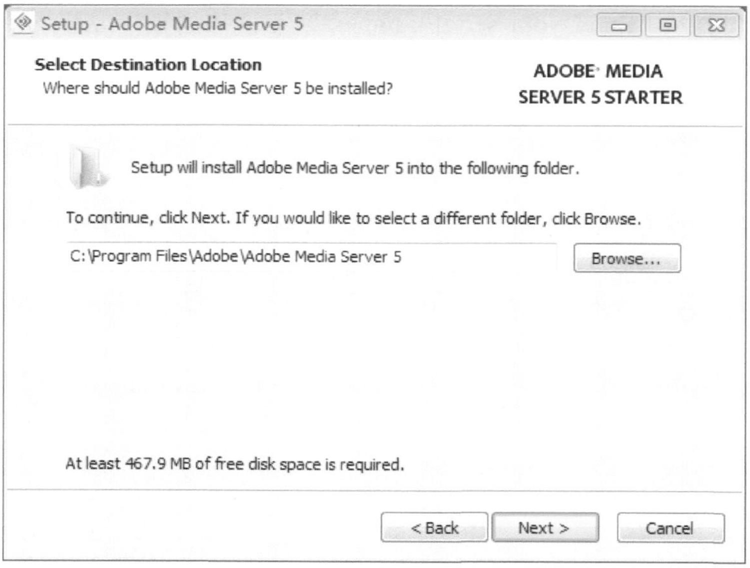

图 1-4-5

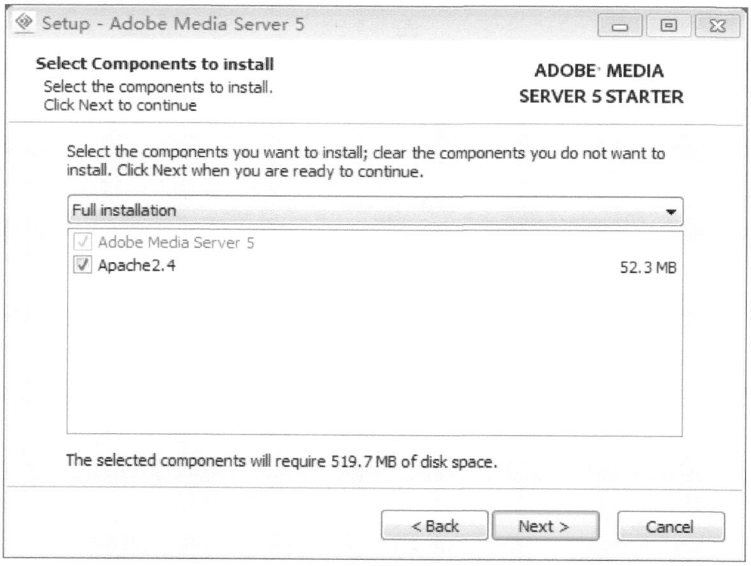

图 1-4-6

继续单击【Next】按钮创建启动菜单（图 1-4-7）。

窗口提示创建管理账号，在"Administrator username"栏输入用户名，在"Administrator password"栏输入密码，在"Confirm password"栏再次输入密码确认，密码长度至少为 8 位，然后单击【Next】按钮继续（图 1-4-8）。

接下来窗口提示的中文意思是"你选择安装 Apache。你想让 Apache 监听 80 端口吗？如果不是 AMS，将要使用 80 端口"（图 1-4-9），单击【是（Y）】按钮继续：

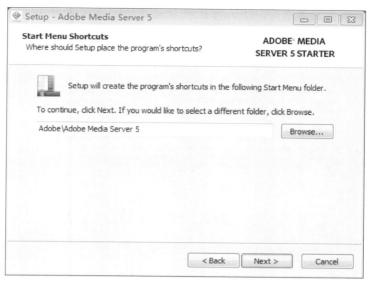

图 1-4-7

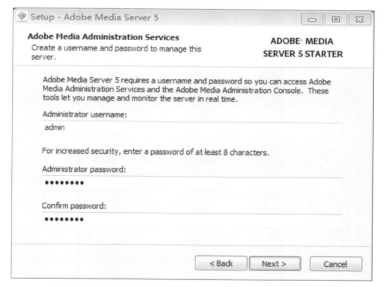

图 1-4-8

图 1-4-9

　　下面设置 AMS 的服务端口，默认的 1935 就是 RTMP 使用的端口，而 1111 则是 AMS 系统管理使用的端口，全部取默认值，不用改变，单击【Next】按钮继续（图 1-4-10）。

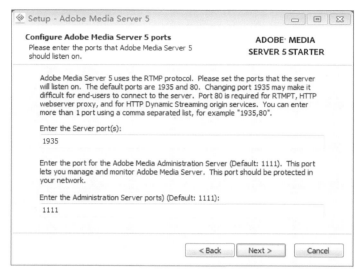

图 1-4-10

　　下面的界面要求输入 IP 地址，不输入任何内容，保持空白，让 AMS 自动检测，单击【Next】按钮继续（图 1-4-11）。

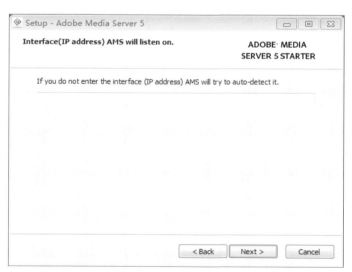

图 1-4-11

　　这时候安装程序准备就绪，单击【Install】按钮开始安装（图 1-4-12）。
　　安装程序终于开始复制文件了（图 1-4-13）。
　　Windows 防火墙可能会发出警报，单击【允许访问（A）】按钮（图 1-4-14）。
　　安装完成后，接受所有的勾选，单击【Finish】按钮并运行 AMS（图 1-4-15）。

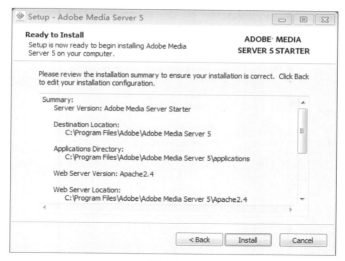

图 1-4-12

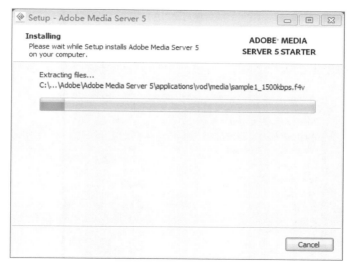

图 1-4-13

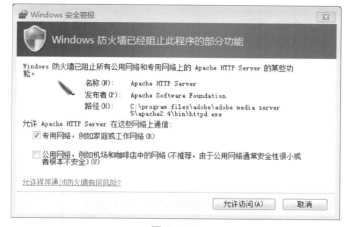

图 1-4-14

图 1-4-15

2. 运行和停止 AMS

如果需要手动停止或运行 AMS，可以从启动菜单中执行相应的操作（图 1-4-16）。

图 1-4-16

3. 临时关闭防火墙

由于直播需要使用 1935 等端口，因此为了试验顺利，我们暂时先关闭防火墙，以开放这些端口的访问。依次打开"控制面板""网络和 Internet""网络和共享中心"，单击左边的"Windows 防火墙"（图 1-4-17）。

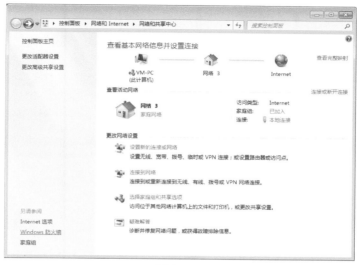

图 1-4-17

然后单击"打开或关闭 Windows 防火墙"（图 1-4-18）。

图 1-4-18

在"家庭或工作（专用）网络位置设置"下面，单击"关闭 Windows 防火墙（不推荐）"，再单击下面的【确定】按钮（图 1-4-19）。

图 1-4-19

1.4.2　安装配置编码推流客户端

在作为"编码推流客户端"的电脑主机上，双击运行 FMLE 安装程序，出现安装欢迎界面，单击【Next】按钮继续（图 1-4-20）。

图 1-4-20

接下来单击"I accept the terms in the license agreement"（我接受该许可证协议），单击【Next】按钮继续（图 1-4-21）。

安装窗口会提示选择目标文件夹，按默认选项单击【Next】按钮继续（图 1-4-22）。

安装准备就绪，单击【Install】按钮开始安装（图 1-4-23）。

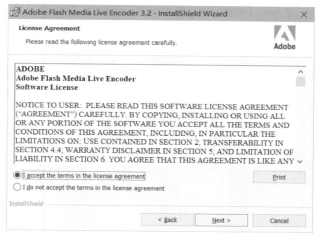

图 1-4-21

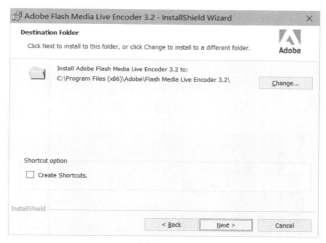

图 1-4-22

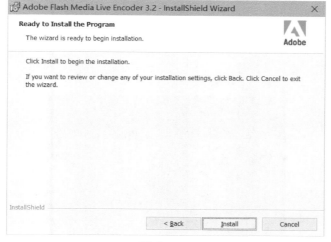

图 1-4-23

安装完毕，单击【Finish】按钮并启动 FMLE（图 1-4-24）。

图 1-4-24

1.4.3　设置并推流

初次运行 FMLE 时，有一个收集匿名信息用于改进程序的提示，勾选 "Don't ask me again"（不再询问我），单击【No, Thank You】按钮关闭（图 1-4-25）。

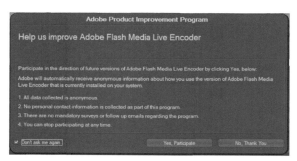

图 1-4-25

FMLE 提示 "Profile Validation"（配置文件验证）将使用默认参数，单击【OK】按钮继续（图 1-4-26）。

图 1-4-26

正常情况下，FMLE 的主界面会显示摄像头拍摄的图像。

在图 1-4-27 所示的 3 个栏目中填写参数，其他栏目值暂时按默认参数不改，具体如下：

- **FMS URL**：rtmp://192.168.0.10/live（此 IP 即流媒体服务器 IP）；
- **Stream**：livestream（软件默认值，可自行更改，这里不做改变）；
- **Output Size**：640×360（此值也可根据摄像头的输出大小与比例自行更改）。

单击图 1-4-27 所示界面中右边箭头所指的【Connect】按钮，很快【Connect】按钮变成【Disconnect】按钮，同时左下角出现"Connected"（已经连接）的提示，表明连接服务器成功，再单击【Start】按钮就开始推流了。也可以直接单击【Start】按钮进行直播。

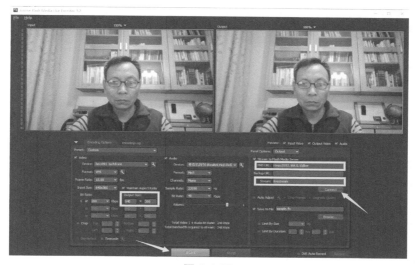

图 1-4-27

推流成功后，FMLE 显示音视频码率的状态（Statistics）（图 1-4-28）。

图 1-4-28

1.4.4　用浏览器观看直播页

在作为"播放终端"的电脑上用浏览器打开服务器的 IP 地址（如 http://192.168.0.10），显示出 AMS 默认安装的页面（图 1-4-29）。

图 1-4-29

那么刚才推流成功的图像在哪里可以看到呢？请在浏览器地址栏的 IP 地址后面输入 strobeplayer_setup.html 这个页面，即 192.168.0.10/strobeplayer_setup.html，就会出现如下页面（图 1-4-30）。

图 1-4-30

在图 1-4-30 中 3 个画框的栏目位置填写或修改选项如下。

- **src**（源）：rtmp://192.168.0.10/live/livestream；
- **streamType**（流类型）：live；
- **autoPlay**（自动播放）：true。

然后单击最下面的【Preview and Update】按钮，页面右边就会出现播放窗口（图 1-4-31）。

图 1-4-31

如果上述地址打不开或不存在，则有可能是 AMS 版本与本书所安装的版本有所不同，这时可以自己编写一个首页 index.html 文件，文件内容如代码清单 1-4-1 所示。

代码清单1-4-1 index.html

```
1  <html>
2     <head>
3         <meta http-equiv="Content-Type" content="text/html; charset=utf-8" />
4         <title>LIVE Test</title>
5     </head>
6     <body>
7         <h1>LIVE Test</h1>
8         <object width="470" height="320">
9             <param name="movie"
10 value="http://192.168.0.10/swfs/StrobeMediaPlayback.swf"></param>
11            <param name="flashvars"
12 value="src=rtmp%3A%2F%2F192.168.0.10%2Flive%2Flivestream&streamType=live&auto
   Play=true">
13              </param>
```

14	`<param name="allowFullScreen" value="true"></param>`
15	`<param name="allowscriptaccess" value="always"></param>`
16	`<param name="wmode" value="direct"></param>`
17	`<embed src="http://192.168.0.10/swfs/StrobeMediaPlayback.swf"`
18	`type="application/x-shockwave-flash"`
19	`allowscriptaccess="always"`
20	`allowfullscreen="true"`
21	`wmode="direct"`
22	`width="470" height="320"`
23	`flashvars="src=rtmp%3A%2F%2F192.168.0.10%2Flive%2Flivestream&streamType=live& autoPlay=true">`
24	`</embed>`
25	`</object>`
26	`</body>`
27	`</html>`

将文件复制到 C:\Program Files\Adobe\Adobe Media Server 5\webroot 目录，可将原 index.html 删除或改名为 index2.html 以备参考（图 1-4-32）。

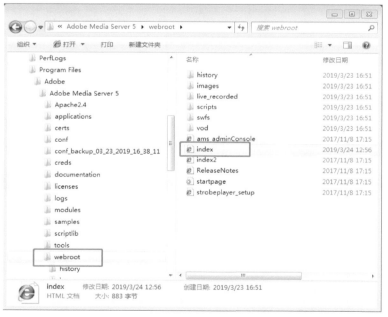

图 1-4-32

然后在浏览器（需要 Flash 插件，建议使用国内的浏览器如 360 浏览器等）中输入 IP 地址 192.168.0.10，就可以看到直播的视频画面了（图 1-4-33）。在本局域网内的所有电脑都可以用上述 IP 访问并观看直播。

图 1-4-33

## 第 2 章

流媒体服务软件

在第 1 章中，我们体验了 AMS，虽然该软件使用起来方便，但很久没有更新了，要正式使用还得花费数万元购买授权。因此，本章将介绍 2 个免费的流媒体服务软件，分别运行在 Windows 和 Linux 系统下，使用起来不复杂。

2.1　在 Linux 系统中安装 SRS

SRS 为 Simple RTMP Server 的缩写，意思是简单的 RTMP 服务器，虽然其名曰"简单"，但功能并不简单，更重要的是免费开源！

SRS 定位于运营级的互联网直播服务器集群应用，主要运行在 Linux 系统上，因其网站提供了针对 CentOS Linux 6 系统编译的安装程序包，所以这里就选择 CentOS 6 作为操作系统平台，这样对于 Linux 新手来说，部署起来更容易成功。

主要软件硬件清单见表 2-1-1。

表 2-1-1

序号	项目	规格/配置	用途
1	CentOS 光盘映像（ISO 文件）	版本：6.10	操作系统
2	SRS 安装包	版本：2.0r5 release（2.0.258）	流媒体服务软件
3	电脑	内存 2GB 以上，硬盘 20GB 以上	服务器
4	SSH 远程终端软件	SmarTTY 或 Putty	远程操作服务器

2.1.1　安装使用 Linux 系统

本小节专为 Linux 新手而写，如果您已经熟悉 Linux，那么请自行安装并开通防火墙的 80/TCP 和 1935/TCP 这 2 个端口，再跳到 2.1.2 小节开始阅读。

1. 下载并安装 CentOS Linux

CentOS 是一个由社区驱动的自由软件项目，它由 Red Hat Linux 的源代码重新编译而成。运行 CentOS 系统的服务器不计其数，如阿里云、腾讯云等都提供了基于 CentOS

系统的虚拟主机。

因为本节安装步骤的插图是按 CentOS 6.10 版本截取的，如果初次接触 Linux，建议下载相同的版本，以便安装时对照参考。

CentOS 6.10 可在官网找到下载链接，建议选择国内的镜像站点下载，这样速度比较快，如阿里巴巴开源镜像站、网易开源镜像站、中国科学技术大学开源软件镜像等。打开下载页面后，可以看到若干光盘映像 ISO 文件（图 2-1-1）。

Index of /centos/6/isos/x86_64/

```
../
0_README.txt                          29-Jun-2018 15:37           1716
CentOS-6.10-x86_64-LiveDVD.iso        30-Jun-2018 06:52     2041577472
CentOS-6.10-x86_64-LiveDVD.torrent    02-Jul-2018 17:41          39610
CentOS-6.10-x86_64-bin-DVD1.iso       29-Jun-2018 16:31     3991928832
CentOS-6.10-x86_64-bin-DVD1to2.torrent 02-Jul-2018 17:41         59655
CentOS-6.10-x86_64-bin-DVD2.iso       29-Jun-2018 16:35     2187548672
CentOS-6.10-x86_64-minimal.iso        29-Jun-2018 16:42      425721856
CentOS-6.10-x86_64-minimal.torrent    02-Jul-2018 17:41          16908
CentOS-6.10-x86_64-netinstall.iso     29-Jun-2018 16:12      240123904
CentOS-6.10-x86_64-netinstall.torrent 02-Jul-2018 17:41          9836
README.txt                            29-Jun-2018 15:37           1716
sha1sum.txt                           30-Jun-2018 12:38            370
sha1sum.txt.asc                       02-Jul-2018 15:42           1253
sha256sum.txt                         30-Jun-2018 12:36            490
sha256sum.txt.asc                     02-Jul-2018 15:42           1373
```

图 2-1-1

这些 ISO 文件大小不同是因为它们所带软件数量不同，对缺少 Linux 经验者来说，推荐下载 CentOS-6.10-x86_64-bin-DVD1.iso，它带有桌面环境和常用软件。

下载完成后，如果打算在实体电脑上安装，可用 UltraISO 烧录到 U 盘上安装，这会比光盘安装速度更快。准备一个空白 U 盘，容量不少于 4GB。打开 CentOS 6 的 DVD 镜像，单击菜单"启动→写入硬盘映像 ..."（图 2-1-2）。

图 2-1-2

　　这时弹出窗口"写入硬盘映像"，请确定"硬盘驱动器"右边弹出菜单中是插入的空白 U 盘，千万不要弄错！单击【便捷启动】按钮，即可将 ISO 写入烧录到 U 盘（图 2-1-3）。

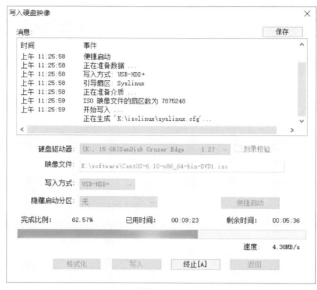

图 2-1-3

　　如果熟悉虚拟机软件，那么可先在虚拟机中学习安装、测试。比如在 VMware 软件中创建虚拟机，建议将"内存"设置成 2GB 或更多，CD/DVD 设备直接挂接 ISO 文件，并将"网络连接"设置为"桥接模式（B）：直接连接物理网络"（图 2-1-4），这样虚拟机就成为局域网成员之一，网内其他用户也能访问到。

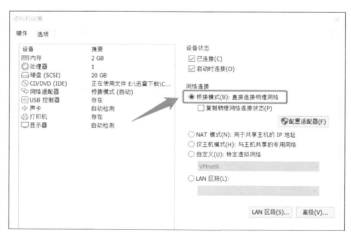

图 2-1-4

　　当刻有 CentOS 6.10 的 U 盘、DVD 光盘或虚拟机使用 ISO 文件启动后，将展示一个启动菜单，如图 2-1-5 所示，最上面一项是安装或升级，按【回车】键【Enter】键）开始安装。

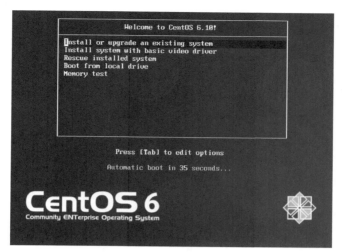

图 2-1-5

接着会出现一个提示（图 2-1-6），意思是说"安装前测试一下媒介"，这个过程将逐个检查文件是否损坏，比较耗时，一般不太需要。按键盘上的【→】（向右）方向键，向右移动光标到"Skip"（跳过），然后按【回车】键继续。

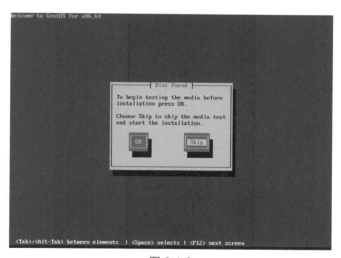

图 2-1-6

这样就正式进入图形安装界面，单击【Next】按钮继续（图 2-1-7）。

在语言选择窗口选择"Chinese（Simplified）（中文（简体））"，单击【Next】按钮继续（图 2-1-8）。

此时安装界面将以中文开始显示，选择"美国英语式"键盘，单击【下一步（N）】按钮继续（图 2-1-9）。

安装界面会提问使用哪种设备，按默认的"基本存储设备"不变，单击【下一步（N）】按钮继续（图 2-1-10）。

图 2-1-7

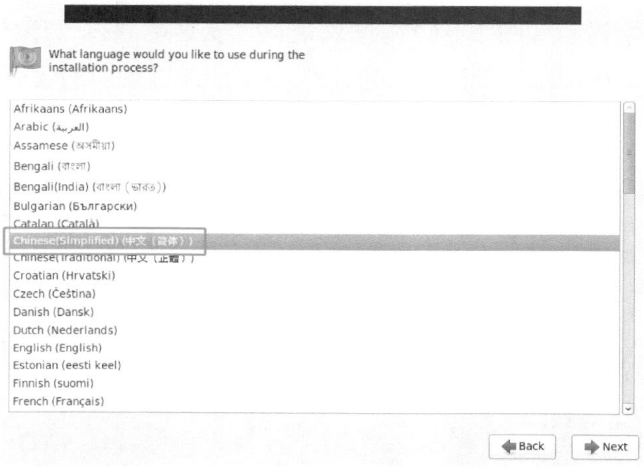

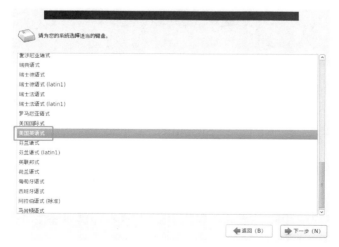

图 2-1-8

图 2-1-9

图 2-1-10

这时安装程序出现一个警告，提示是否保留数据，如果选用的硬盘为空硬盘，直接单击【是，忽略所有数据（Y）】按钮即可（图 2-1-11）。

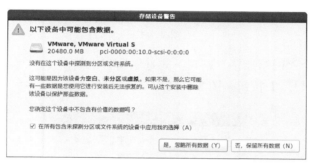

图 2-1-11

在接下来这个界面中，主机名如果不确定，则按默认值。如果此服务器打算解析一个域名，可填写域名（图 2-1-12）。

图 2-1-12

　　CentOS 默认网络设置为自动获取 IP，一般服务器都使用固定 IP，单击【配置网络（C）】按钮设置 IP 参数（图 2-1-13）。

图 2-1-13

　　这时就弹出一个"网络连接"窗口，先选中窗口中的网卡（网卡名称可能与图中不一样），再单击【编辑...】按钮（图 2-1-14）。

图 2-1-14

　　在弹出的"正在编辑 System eth0"窗口中，勾选"自动连接"前面的选框，再选择"IPv4 设置"标签，然后单击"方法"右边的弹出菜单，选"手动"（设定固定 IP），单击【添加（A）】按钮，这样在左边就可以填写 IP 地址、子网掩码、网关，最后在 DNS 栏填写 DNS 服务器 IP，如果有多个 IP，中间用半角逗号分隔。填写完成后，单击【应用...】按钮返回到上一级窗口，再单击【关闭】按钮返回到更上一级窗口，单击【下一步】按钮继续（图 2-1-15）。

　　现在到时区选择界面，使用默认选项（"亚洲 / 上海"），单击【下一步（N）】按钮（图 2-1-16）。

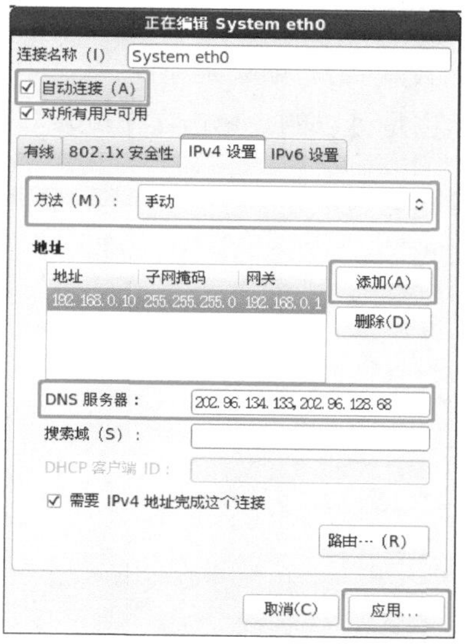

图 2-1-15

图 2-1-16

这时出现图 2-1-17 界面，输入根账号即 root 账号的密码，单击【下一步（N）】按钮继续。

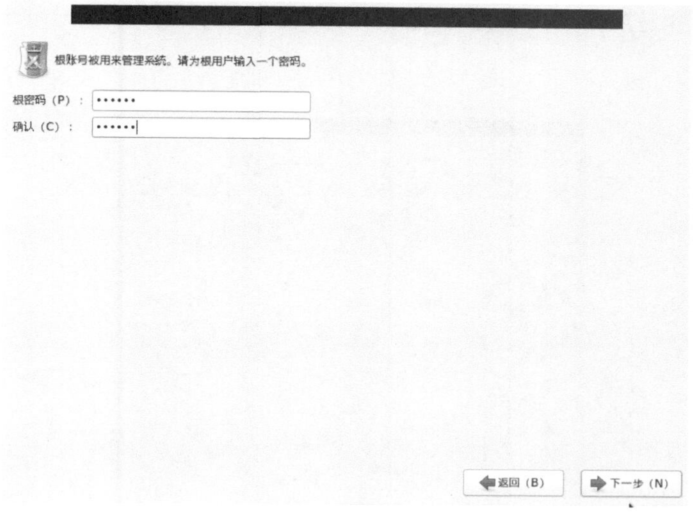

图 2-1-17

接下来的界面询问进行哪种类型的安装，可按默认选项"替换现有 Linux 系统"（即使硬盘上没有 Linux 系统也无关紧要）。如果是新硬盘，或者硬盘上不需要保留数据，选第一项"使用所有空间"当然也是可以的。单击【下一步（N）】按钮继续（图 2-1-18）。

图 2-1-18

这时出现警告窗口"将存储配置写入磁盘"，确定之前操作无误后，就可以单击【将修改写入磁盘（W）】按钮（图 2-1-19）。

图 2-1-19

然后安装程序进入选择何种类型的安装界面，如图 2-1-20 所示。对于无 Linux 经验者，图形界面更容易操作，所以建议选择"Desktop"（桌面安装），单击【下一步（N）】按钮继续。

图 2-1-20

安装过程终于开始了（图 2-1-21）。

图 2-1-21

等 CentOS 安装完成后，单击【重新引导（T）】按钮重启电脑（图 2-1-22）。

图 2-1-22

启动后首先显示 CentOS 6 标志（图 2-1-23）。

图 2-1-23

然后出现"欢迎"界面，单击【前进（F）】按钮（图 2-1-24）。

图 2-1-24

在"许可证信息"界面，选择"是，我同意该许可证协议（Y）"，然后单击【前进（F）】按钮继续（图 2-1-25）。

图 2-1-25

接下来在"创建用户"界面，创建一个常规使用的账户，输入用户名、全名和密码，然后继续单击【前进（F）】按钮（图 2-1-26）。

在"日期和时间"界面，勾选"在网络上同步日期和时间（Y）"前面的选框，这样服务器的时间就会通过互联网自动校对，单击【前进（F）】按钮继续（图 2-1-27）。

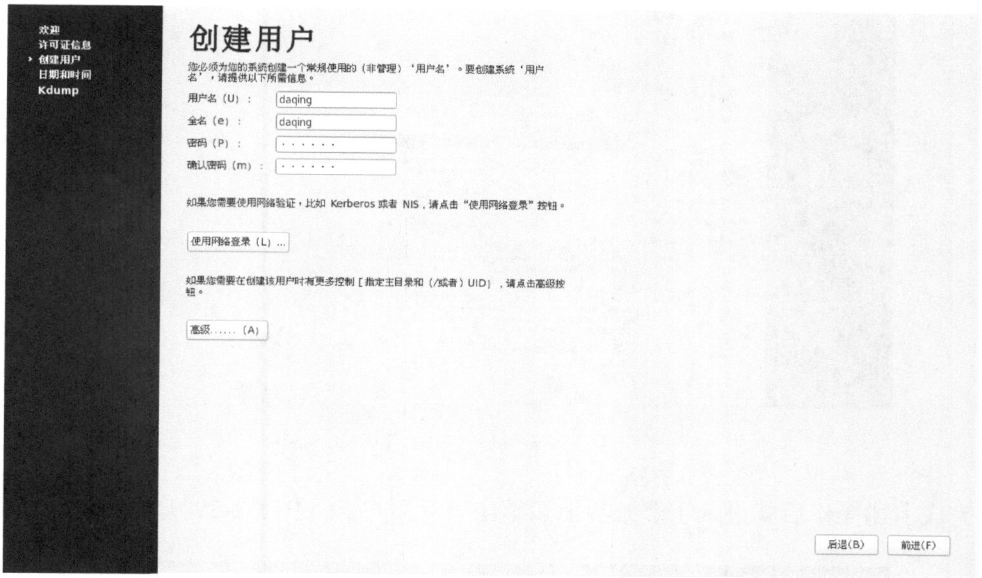

图 2-1-26

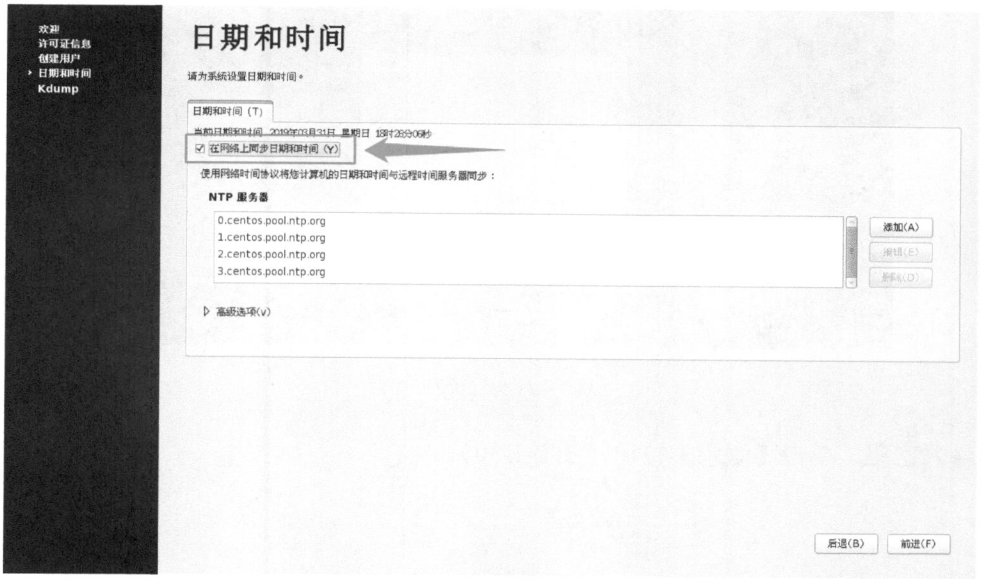

图 2-1-27

下面出现的"Kdump"是一个诊断程序，虽然我们不一定懂得如何诊断，但肯定有人会，保留默认设置"启用 Kdump（E）"不变，留条后路。单击【完成（F）】按钮，这时会跳出一个确认窗口，单击【是（Y）】按钮（图 2-1-28）。

图 2-1-28

完成上述操作后就进入了登录界面，单击登录用户名（图 2-1-29）。

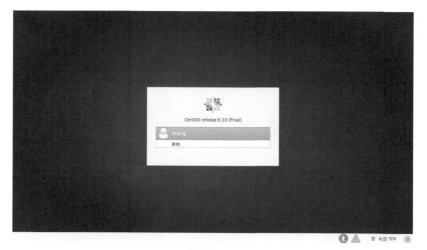

图 2-1-29

输入密码，单击【登录】按钮（图 2-1-30）。

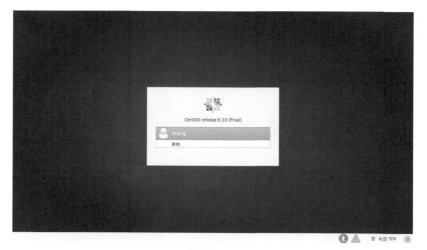

图 2-1-30

现在正式进入了 CentOS 6 桌面系统（图 2-1-31）。

图 2-1-31

2. 更改网络连接配置

如果安装时没有设置过网络，或者需要更改 IP，那么可以单击主菜单"系统→首选项→网络连接"（图 2-1-32）进行相应设置。

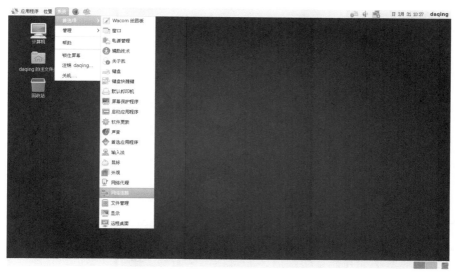

图 2-1-32

接下来设置 IP 的步骤跟安装时一样，所不同的是，由于现在是以普通用户的身份登录，因此在一些步骤中系统会弹出授权窗口，需要输入根用户（即 root 用户）密码（图 2-1-33）。

在桌面顶部任务栏右侧，有一个网络连接状态图标。如果没有连接，可以单击该图标，在弹出的菜单"启用联网（N）"前打勾（图 2-1-34）。

图 2-1-33   图 2-1-34

CentOS 6 桌面带有办公套件、浏览器等常用软件，用法与 Windows 差不多（图 2-1-35）。

图 2-1-35

3. 设置防火墙端口

流媒体服务器必须开通某些端口才能对外提供服务，单击主菜单"系统→管理→防火墙"（图 2-1-36）进行相应设置。

普通用户修改防火墙需要得到授权，在弹出的授权窗口中输入 root 密码，单击【授权（A）】按钮（图 2-1-37）。

（1）开通 80 端口供 HTTP 使用

在"防火墙配置"窗口左边列表中选择"可信的服务"，然后在右边的列表中找到

"WWW（HTTP） 80/tcp"，并勾选它（图 2-1-38）。

图 2-1-36

图 2-1-37

图 2-1-38

注意

请保证"SSH 22/tcp"是勾选的！如果SSH被防火墙阻止了，将无法在远程登录，出了问题就只能亲临机房操作服务器主机！

（2）开通 1935 端口供 RTMP 使用

在"防火墙配置"窗口左边选择"其他端口"，然后再单击【添加（A）】按钮，在弹出的"端口和协议"窗口中勾选"用户定义的"，然后输入端口号"1935"，协议栏选"tcp"，单击【确定（O）】按钮（图 2-1-39）。

这时"防火墙配置"窗口中就添加了一条自定义规则，单击"应用"图标，再在弹出的窗口单击【是（Y）】按钮确认（图 2-1-40）。

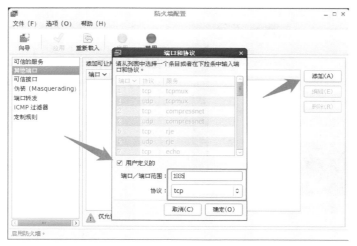

图 2-1-39

图 2-1-40

此时可能又会出现需要授权的提示，输入 root 密码，单击【授权（A）】按钮，这样防火墙端口就设置完毕了（图 2-1-41）。

图 2-1-41

4. 初识Linux终端

图形操作界面直观、易上手，然而它占用的服务器资源较多，在远程网速慢的时候操作也容易卡顿。而使用终端来操作 Linux 服务器则方便快捷，网速慢影响也不大。因此，需要了解如何使用 Linux 终端。

（1）从本机桌面运行终端

在 CentOS 6 桌面系统，单击主菜单"应用程序→系统工具→终端"（图 2-1-42）。

图 2-1-42

打开一个终端窗口，如图 2-1-43 所示，方括号（[ ]）中的"daqing@localhost"表示用户名与主机名，"~"表示用户"家"目录（一般位于 /home/ 用户名），如果切换到其他目录，则显示为其他目录名。而"$"表示一般用户，如果输入 su 命令，然后输入 root 密码，就可以切换到 root 用户，root 用户将显示为"#"。

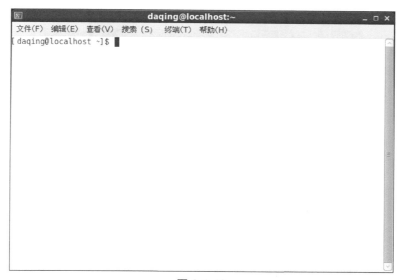

图 2-1-43

（2）从远程 SSH 连接终端

实际上，正式的服务器大都安装在机房，在飞机般轰鸣的机房操作服务器是一件令人烦躁且痛苦的事情，所以大多数情况下我们都会使用远程工具来登录服务器进行操作。

连接 Linux 服务器的远程工具有很多，如 putty、SmarTTY、WinSCP 等，这里介绍笔者常用的免费软件 SmarTTY。读者可以从官方网站下载，安装并运行 SmarTTY 后，提示没有找到连接，可以单击左下角的 "New SSH connection..." 创建新的 SSH 连接，如图 2-1-44 所示。

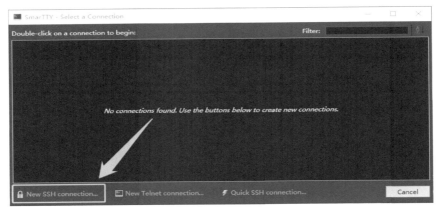

图 2-1-44

在弹出的 "SmarTTY-New SSH connection" 设置窗口，输入 "Host Name"（主机名，即 IP 地址或域名）、"User Name"（用户名）、"Password"（密码），并勾选密码下方的 "Setup public key authentication and don't ask for password again"，这样下次再登录就无须输入密码，然后单击【Connect】按钮连接（图 2-1-45）。

图 2-1-45

SmarTTY 会创建一个密钥，提示"Save Host Key"，单击【Save】按钮保存（图 2-1-46）。

图 2-1-46

接下来会出现一个选择窗口（图 2-1-47）。

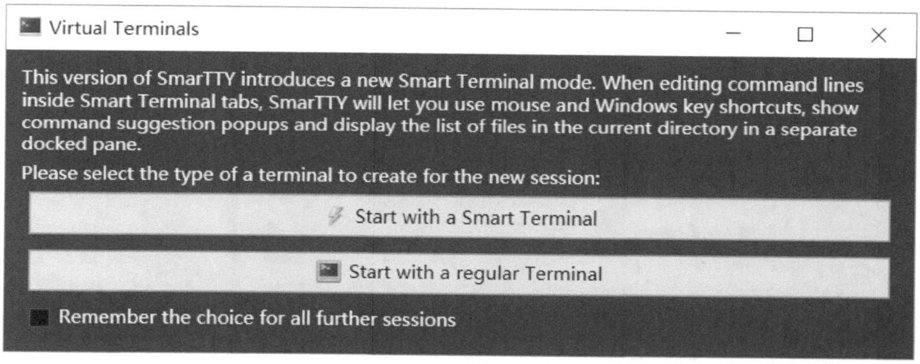

图 2-1-47

建议选择第二个"Start with a regular Terminal"（按常规终端启动），并勾选下方的 "Remember the choice for all further sessions"（记住选择供所有后续会话使用）。

> **提示**
>
> 选择第一个选项"Start with a Smart Terminal"打开的窗口带有左侧导航栏，可以快速切换目录，但对中文目录不太兼容，所以这里不建议使用。

而后，从远程登录服务器成功（图 2-1-48）。

可以选择创建多个服务器的连接，以后登录时，只要双击连接即可快速登录到该服务器（图 2-1-49）。

Linux 命令与 Windows 的 cmd 命令类似，如 dir 命令在 Windows 与 Linux 系统中都可以列出目录下的文件，date 命令都可以调出系统日期时间等。

下面的例子是 Linux 的 iptables 防火墙设置命令，用来开通防火墙 80/tcp 端口：

```
# iptables -I INPUT -p tcp --dport 80 -j ACCEPT
```

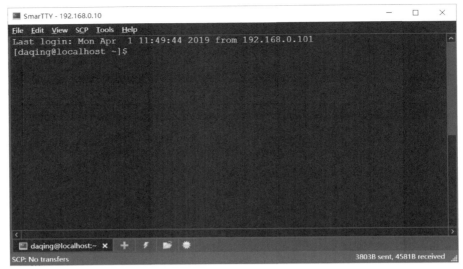

图 2-1-48

图 2-1-49

　　注意不要输入前面的字符 "#"，它仅表示此命令必须以 root 身份运行。如果看到第一个字符是 "$"，则表示以普通用户身份运行。例如，使用 date 命令查看当前日期时间：

```
$ date
```

　　有时也会看到 Linux 命令前没有 "#" 或 "$"，这种情况下要么对运行的用户身份没有要求，要么之前已做了说明。另外，一定要注意 Linux 命令是区分字母大小写的。

2.1.2　安装 SRS

　　SRS 项目的源代码托管在 GitHub 网站上，网址为 https://github.com/ossrs/srs。

1. 下载 SRS 安装包

一般安装了桌面系统的 CentOS 系统都附带安装了 wget 下载工具，该工具的使用方法简单方便，假设需要下载的安装包地址为 http://xxx/ SRS-CentOS6-x86_64-2.0.258.zip，那么输入如下命令：

```
wget http://xxx/SRS-CentOS6-x86_64-2.0.258.zip
```

再按【回车】键，即开始下载安装包（图 2-1-50）。

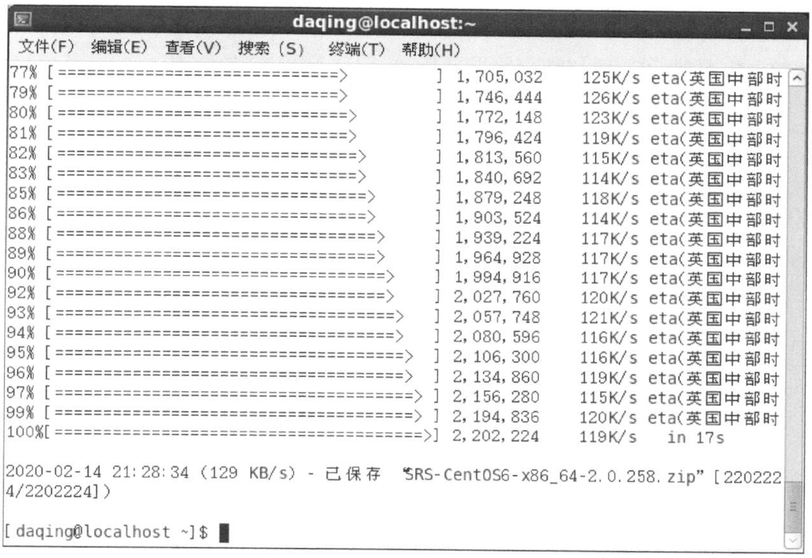

图 2-1-50

安装包下载完成后，输入 ll 命令（2 个小写的字母 l）或者 ls 命令（LS 字母的小写）或者 dir 命令，就可以看到当前目录中下载的文件（图 2-1-51）。

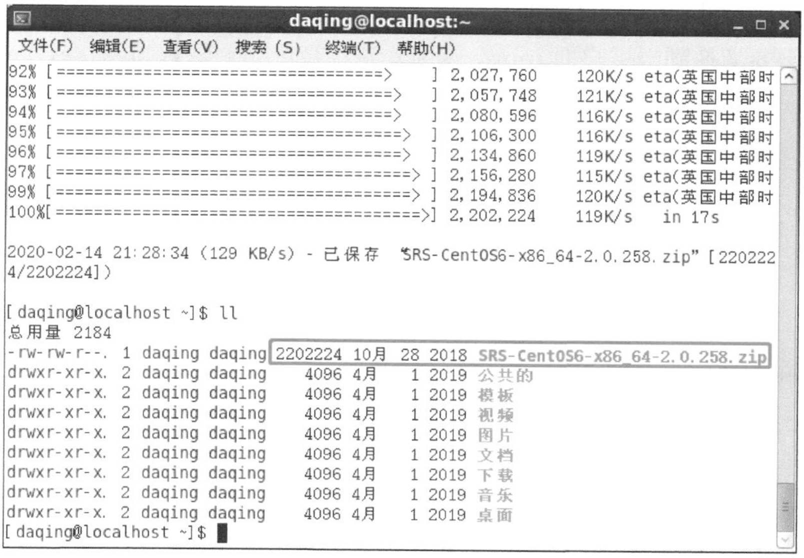

图 2-1-51

2. 解压安装包

对于 zip 格式的压缩包，输入解压命令（注意文件名需要与下载的一致）：

```
unzip SRS-CentOS6-x86_64-2.0.258.zip
```

再查看当前目录，可以看到多出一个目录（图 2-1-52）。

```
[daqing@localhost ~]$ ll
总用量 2188
drwxrwxr-x. 4 daqing daqing    4096 10月 28 2018 SRS-CentOS6-x86_64-2.0.258
-rw-rw-r--. 1 daqing daqing 2202224 10月 28 2018 SRS-CentOS6-x86_64-2.0.258.zip
drwxr-xr-x. 2 daqing daqing    4096 4月    1 2019 公共的
drwxr-xr-x. 2 daqing daqing    4096 4月    1 2019 模板
drwxr-xr-x. 2 daqing daqing    4096 4月    1 2019 视频
drwxr-xr-x. 2 daqing daqing    4096 4月    1 2019 图片
drwxr-xr-x. 2 daqing daqing    4096 4月    1 2019 文档
drwxr-xr-x. 2 daqing daqing    4096 4月    1 2019 下载
drwxr-xr-x. 2 daqing daqing    4096 4月    1 2019 音乐
drwxr-xr-x. 2 daqing daqing    4096 4月    1 2019 桌面
[daqing@localhost ~]$
```

图 2-1-52

再使用 cd 命令进入这个目录：

```
cd SRS-CentOS6-x86_64-2.0.258
```

使用 ll 命令进行查看，发现有个 INSTALL 文件，这就是安装程序（图 2-1-53）。

```
[daqing@localhost SRS-CentOS6-x86_64-2.0.258]$ ll
总用量 16
-rwxrwxr-x. 1 daqing daqing 4477 10月 28 14:21 INSTALL
drwxrwxr-x. 2 daqing daqing 4096 10月 28 14:21 scripts
drwxrwxr-x. 3 daqing daqing 4096 10月 28 14:21 usr
```

图 2-1-53

3. 安装 SRS

安装时需要切换到根用户即 root，否则安装不会成功。输入 su 命令，然后输入密码（注意，在 Linux 系统下输入用户密码时屏幕不会有反应），再按【回车】键，这时用户的提示符由 $ 变成 #，说明切换成功（图 2-1-54）。

```
[daqing@localhost SRS-CentOS6-x86_64-2.0.258]$ su
密码：
[root@localhost SRS-CentOS6-x86_64-2.0.258]#
```

图 2-1-54

接下来输入如下命令开始安装：

```
# ./INSTALL
```

安装成功后如图 2-1-55 所示。

4. 运行 SRS

首先切换到 root 用户下，输入如下命令，启动 SRS 服务：

```
# /etc/init.d/srs start
```

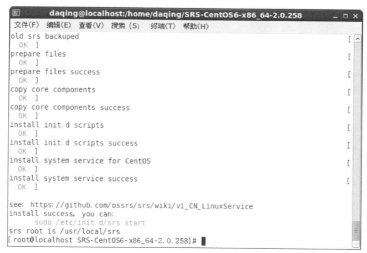

图 2-1-55

提示"SRS started(pid 26922) [OK]",表示启动成功(图 2-1-56)。

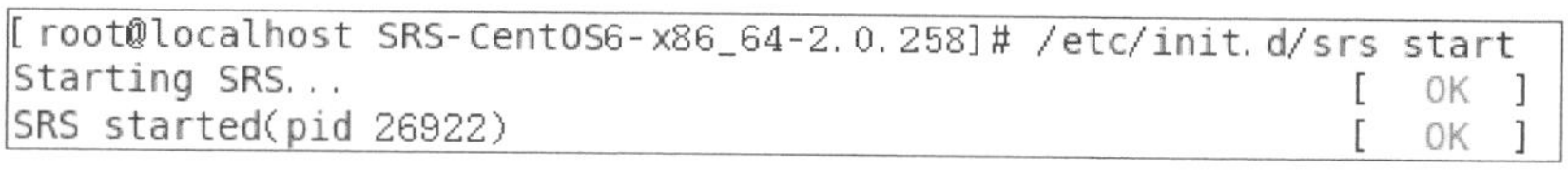

```
[root@localhost SRS-CentOS6-x86_64-2.0.258]# /etc/init.d/srs start
Starting SRS...                                          [  OK  ]
SRS started(pid 26922)                                   [  OK  ]
```

图 2-1-56

如果要停止 SRS 服务,则输入如下命令:

```
# /etc/init.d/srs stop
```

如果要重启 SRS 服务(不是重启 Linux 服务器),则输入如下命令:

```
# /etc/init.d/srs restart
```

此外,在 CentOS 桌面环境下,还可以在图形界面中操作,单击主菜单"系统→管理→服务",如图 2-1-57 所示。

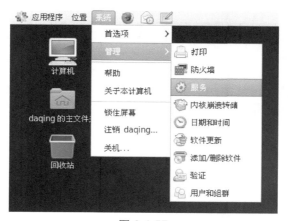

图 2-1-57

会弹出"服务配置"窗口,在左边的程序列表中,找到"srs"并选择,就可以对它进行启动、停止及重启操作了（图 2-1-58）。

图 2-1-58

2.1.3 开通 Web 播放页

SRS 自带了 Web 服务，该服务随 SRS 一起启动。如果想要使用 SRS 自带的 Web 服务，需要进行如下工作。

1. 修改 SRS 端口配置

SRS 提供的 Web 服务默认配置的端口是 8080，我们将它修改为 HTTP 协议默认的 80 端口，这样输入网址时就不需要输入端口号了。

在 SRS 的主目录 /usr/local/srs 下，有一个 conf 目录，使用 ls 命令查看该目录：

```
ls /usr/local/srs/conf
```

会发现有很多扩展名为 .conf 的文件，它们是 SRS 提供的配置文件样例，而 srs.conf 就是当前 srs 默认加载的配置（图 2-1-59）。

图 2-1-59

输入 su 命令切换到 root 用户，然后输入 vi 命令修改 srs.conf（vi 是 Linux 下的文本编辑器）：

```
# vi /usr/local/srs/conf/srs.conf
```

移动键盘的光标键，找到其中的 http_server {} 部分：

```
http_server {
    enabled         on;
    listen          8080;
    dir             ./objs/nginx/html;
}
```

注意，vi 的操作方式与 Windows 习惯很不相同，vi 刚打开时是查看状态，需要按键盘上的【Insert】键或【i】键，切换到插入模式（界面左下方出现 "--INSERT --" 状态信息），这时才可以编辑文本（图 2-1-60）。

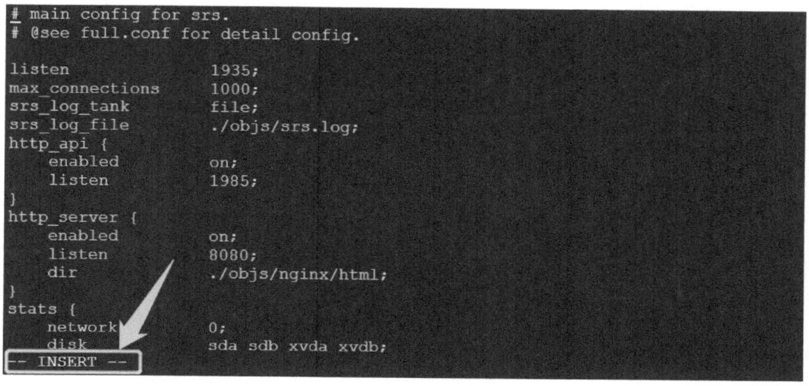

图 2-1-60

将 listen 后面的 8080 改为 80，其余设置保持不变：

```
http_server {
    enabled         on;
    listen          80;
    dir             ./objs/nginx/html;
}
```

然后按键盘的【Esc】键退出插入模式，再依次分别按键盘上的 3 个键【：】、【w】、【q】，再按【回车】键，就存盘并退出了。如果依次按【：】、【q】就是退出，按【：】、【q】、【！】则不存盘退出（图 2-1-61）。

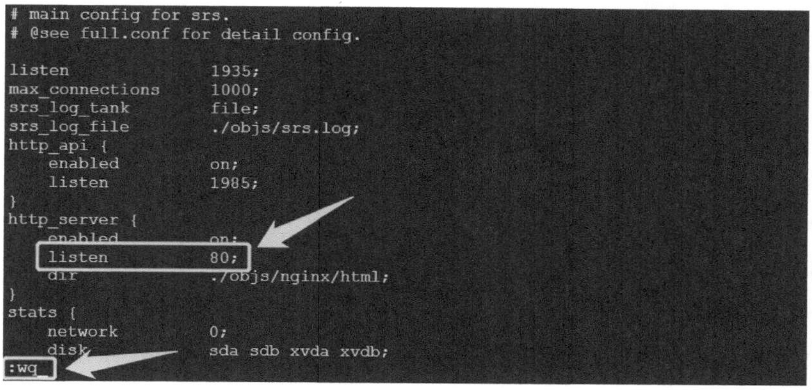

图 2-1-61

编辑完成后，输入如下命令重启 SRS 服务：

```
# /etc/init.d/srs restart
```

2. 上传网页文件

SRS 默认安装完成后，网页文件的存放目录是 /usr/local/srs/objs/nginx/html，我们将把 html 文件放在这个目录里。

对于编辑、上传网页等日常操作，尽量避免使用 root 账户，以防一不小心误操作，把其他系统文件修改、覆盖或删除了。这个目录目前为 root 用户所有，普通用户无法上传文件到这里，因此我们先将这个 html 目录改为普通用户所有。

输入 su 命令，按提示输入 root 用户密码，切换用户到 root，然后使用 chown 命令如下：

```
# chown daqing:daqing /usr/local/srs/objs/nginx/html
```

以上命令中的 daqing:daqing 的意思为 daqing 组下的 daqing 用户，可使用你自己的登录名替换。于是 html 目录就变了主人，使用 ll 命令查看 /usr/local/srs/objs/nginx/ 目录可以发现变化：

```
# ll /usr/local/srs/objs/nginx/
总用量 4
drwxr-xr-x. 2 daqing daqing 4096 3月  31 21:22 html
```

输入 exit 命令并按【回车】键，即可退出 root 用户并返回到 daqing 用户。使用 cd 命令变换到 html 目录下：

```
$ cd /usr/local/srs/objs/nginx/html
```

当前目录是 /usr/local/srs/objs/nginx/html，再用 mkdir 命令创建一个目录 swfs：

```
$ mkdir swfs
```

还记得我们在第 1 章所制作的网页播放器吗？它包含 2 个文件，将它们上传到指定目录，如表 2-1-2 所示。

表 2-1-2

文件	上传到目录
index.html	/usr/local/srs/objs/nginx/html/
StrobeMediaPlayback.swf	/usr/local/srs/objs/nginx/html/swfs/

使用 SmarTTY 的上传功能，单击 SmarTTY 主菜单"SCP → Upload a file"上传文件（图 2-1-62）。

在弹出的"Upload a File with SCP"（使用 SCP 上传文件）窗口，单击"Local file name"（本地文件名）栏右边图标打开本地文件"index.html"，单击"Remote director"（远程目录）选择"/usr/local/srs/objs/nginx/html"，然后单击【Upload】按钮上传文件（图 2-1-63）。

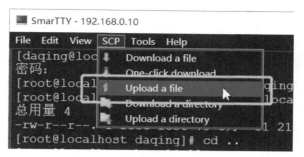

图 2-1-62

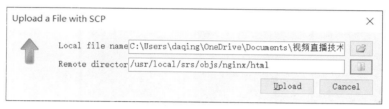

图 2-1-63

同样把 swf 播放器文件 "StrobeMediaPlayback.swf" 上传到刚建立的 swfs 目录中（图 2-1-64）。

图 2-1-64

好了，现在推流测试一下。运行 FMLE，与第 1 章的 FMLE 参数一样，设置 "FMS URL" 为 "rtmp://192.168.0.10/live"，设置 "Stream" 为 "livestream"，然后单击【Start】按钮开始推流（图 2-1-65）。

打开浏览器，输入 IP 地址 "192.168.0.10"，就可以看到直播画面了（图 2-1-66）：

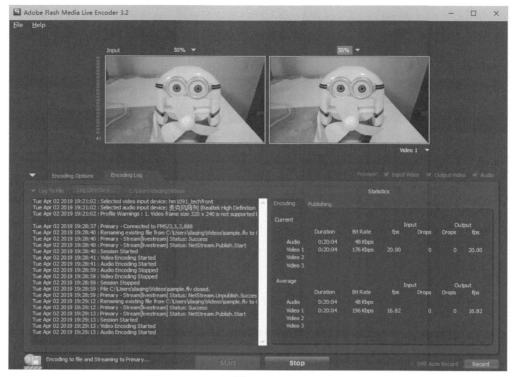

图 2-1-65

图 2-1-66

2.1.4　在手机上也能看直播

在手机的浏览器中输入上述 IP 地址，为什么看不到直播画面？原因是这个直播页用

Flash 插件来播放 RTMP 视频流，但手机不支持 Flash 插件。下面我们来做几个简单的操作，使得在手机终端上也能观看直播。

1. 修改 SRS 配置，使其同时支持 RTMP 和 HLS

前面我们在 /usr/local/srs/conf 目录下看到很多 conf 文件，比如 hls.conf 就是支持 HLS 协议的配置，使用 cat 命令查看文件 hls.conf 的内容如下：

```
[daqing@localhost ~]$ cat /usr/local/srs/conf/hls.conf
# the config for srs to delivery hls
# @see https://github.com/ossrs/srs/wiki/v1_CN_SampleHLS
# @see full.conf for detail config.
listen              1935;
max_connections     1000;
daemon              off;
srs_log_tank        console;
vhost __defaultVhost__ {
    hls {
        enabled         on;
        hls_fragment    10;
        hls_window      60;
        hls_path        ./objs/nginx/html;
        hls_m3u8_file   [app]/[stream].m3u8;
        hls_ts_file     [app]/[stream]-[seq].ts;
    }
}
```

在 hls.conf 中，vhost __defaultVhost__ 后面的花括号 {} 之间的代码（见代码清单 2-1-1）就是用来开通 hls 的。

代码清单2-1-1 hls

```
hls {
    enabled         on;
    hls_fragment    10;
    hls_window      60;
    hls_path        ./objs/nginx/html;
    hls_m3u8_file   [app]/[stream].m3u8;
    hls_ts_file     [app]/[stream]-[seq].ts;
}
```

输入 su 命令切换到 root 用户，用 vi 命令打开 srs.conf：

```
[daqing@localhost ~]$ su
密码:              .
[root@localhost daqing]# vi /usr/local/srs/conf/srs.conf
```

找到 vhost __defaultVhost__，可以看到其后面的花括号 {} 之间为空，将代码清单 2-1-1 复制并粘贴到花括号 {} 之间，其余不变，完整的 srs.conf 文件内容见代码清单 2-1-2。

代码清单2-1-2 `srs.conf`

```
1   # main config for srs.
2   # @see full.conf for detail config.
3
4   listen              1935;
5   max_connections     1000;
6   srs_log_tank        file;
7   srs_log_file        ./objs/srs.log;
8   http_api {
9       enabled         on;
10      listen          1985;
11  }
12  http_server {
13      enabled         on;
14      listen          80;
15      dir             ./objs/nginx/html;
16  }
17  stats {
18      network         0;
19      disk            sda sdb xvda xvdb;
20  }
21  vhost __defaultVhost__ {
22      hls {
23          enabled         on;
24          hls_fragment    10;
25          hls_window      60;
26          hls_path        ./objs/nginx/html;
27          hls_m3u8_file   [app]/[stream].m3u8;
28          hls_ts_file     [app]/[stream]-[seq].ts;
29      }
30  }
```

按【:】、【w】、【q】键，存盘退出，然后输入如下命令来重启 srs：

```
[root@localhost daqing]# /etc/init.d/srs restart
```

重启成功后，SRS 就支持 HLS 协议了。如果推流地址为 rtmp://192.168.0.10/live/
livestream，那么 PC 机与移动终端的播放地址如表 2-1-3 所示。

表 2-1-3

终端类型	协议	播放地址
PC 机	RTMP	rtmp://192.168.0.10/live/livestream
移动终端	HLS	http://192.168.0.10/live/livestream.m3u8

接下来编写一个手机使用的直播页面，将代码清单 2-1-3 保存为 mobile.html 文件：

```
代码清单2-1-3  mobile.html
1  <html>
2    <head>
3      <meta http-equiv="Content-Type" content="text/html; charset=utf-8" />
4      <title>LIVE Test</title>
5    </head>
6    <body>
7      <h1>LIVE Test</h1>
8      <video width="100%" autoplay controls autobuffer
9        type="application/vnd.apple.mpegurl"
10        src="http://192.168.0.10/live/livestream.m3u8">
11      </video>
12    </body>
13  </html>
```

上传 mobile.html 文件到 /usr/local/srs/objs/nginx/html 目录，然后运行 FMLE，将视频格式设置为 "H.264"，音频格式设置为 "MP3"，然后开始推流（图 2-1-67）。

图 2-1-67

在手机浏览器中输入地址 http://192.168.0.10/mobile.html，稍等片刻，就可以看到直播画面了（图 2-1-68）。

2. 重写直播网页文件，自动适应不同类型终端

虽然可以在手机上看直播了，但在手机上连接的页面地址与在 PC 端不同，这对于用户很不方便。因此我们重新写一个直播页面，嵌入一段 Javascript 程序，先用 var agent = new Array("iphone", "ipod", "ipad", "android") 定义移动终端的关键词，通过 var browser = navigator.userAgent.toLowerCase() 获取浏览器发送的信息，然后对此信息进行检测，如果有符合的关键词，则判断为移动终端，于是在 <div id="Player"></div> 中写入 HLS 地址的播放器代码，反之则写入 Flash 播放器代码，从而实现同一个直播页面自动适应不同类型终端的效果。

将代码清单 2-1-4 保存为 index.html 文件，并上传到 /usr/local/srs/objs/nginx/html 目录，这样无论是使用手机、平板还是 PC 机，都可以访问同一个地址 http://192.168.0.10 来观看直播了。

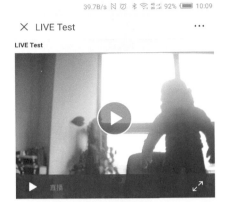

图 2-1-68

```
代码清单2-1-4  index.html
1   <html>
2       <head>
3           <meta http-equiv="Content-Type" content="text/html; charset=utf-8" />
4           <title>LIVE Test</title>
5       </head>
6       <body>
7           <h1>LIVE Test</h1>
8           <div id="Player">
9               网页视频播放器加载中，请稍候...
10          </div>
11          <script type="text/javascript">
12              var rtmp_addr = "rtmp://192.168.0.10/live/livestream";
13              var hls_addr = "http://192.168.0.10:8080/live/livestream.m3u8";
14              var agent = new Array("iphone", "ipod", "ipad", "android");
15              var browser = navigator.userAgent.toLowerCase();
16              var isMobile = false;
17              var playcode = '';
18              for (var i=0; i<agent.length; i++) {
```

```
19                    if (browser.indexOf(agent[i])!=-1) {
20                        isMobile = true;
21                        break;
22                    }
23                }
24            if (isMobile == true){
25                playcode ='<video width="100%" autoplay controls autobuffer
    type="application/vnd.apple.mpegurl" src="' + hls_addr + '"> </video>';
26                document.getElementById('Player').innerHTML = playcode;
27            } else {
28                playcode = '<embed flashvars="src='+ rtmp_addr +'&amp;streamType
    =live&amp;autoPlay=true&amp;controlBarAutoHide=true&amp;controlBarPosition=bot
    tom" width="720" height="405" type="application/x-shockwave-flash" src="swfs/
    StrobeMediaPlayback.swf" quality="high" allowfullscreen="true"/>';
29                document.getElementById('Player').innerHTML = playcode;
30            }
31        </script>
32    </body>
33 </html>
```

注意，由于纸书版面所限，上述代码清单中的第 25、28 行被折成了多行，实际应该写在一行内，不要按【回车】键折行，否则会出现错误。

2.2　在 Windows 系统中安装 MistServer

MistServer 是另一个流媒体服务软件，支持 Windows、Linux 等多种操作系统，支持 RTMP、HLS、FLV、DASH 及其他多种流媒体协议，功能齐全，容易安装使用。

MistServer 提供开源版本和收费版本，前者遵循 aGPLv3 许可，可免费使用，功能有所简化；后者提供更多功能。

2.2.1　安装设置 MistServer

下面介绍在 Windows 7 64 位操作系统下安装配置 MistServer。首先进入 MistServer 官网，在官网下载 Windows 64 位版本的安装包（下面以版本 2.1.5 为准），并将安装包解压到某个目录，比如 C:\mistserver（图 2-2-1）。

首先运行命令行程序，输入命令：

```
cd C:\mistserver
```

进入 mistserver 目录，再输入命令：

```
MistController
```

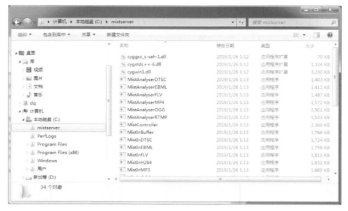

图 2-2-1

开始安装，安装程序会给出提示，中文意思为"账号没有设置，你要创建一个账号吗？y 是，n 否，a 放弃"：

```
Account not set,do you want to create an account? (y)es, (n)o, (a)bort:
```

按键盘上的【y】键确认，这时又提示"请输入用户名，一个冒号和一个密码，按照用户名：密码这种格式"：

```
Please type in the username, a colon and a password in the following format:
username:password
```

输入用户名和密码后，提示"协议没有设置，你想启用默认协议吗？y 是，n 否，a 放弃"：

```
Protocols not set, do you want to enable default protocols? (y)es, (n)o, (a)
bort:
```

按【y】键同意，如图 2-2-2 所示。

图 2-2-2

这时会跳出防火墙的安全警报，MistServer 的 RTMP 协议需要打开 1935 端口、HTTP 协议需要打开 80 端口、管理页面需要打开 4242 端口，因此可能需要单击 3 次【允许访问（A）】按钮（图 2-2-3）。

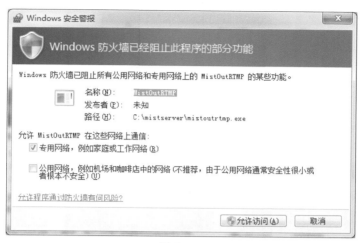

图 2-2-3

然后 MistController 开始运行（图 2-2-4）。

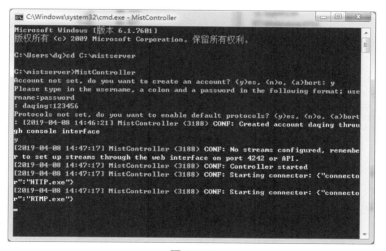

图 2-2-4

假设此服务器 IP 为 10.2.5.100，则在浏览器上输入地址及端口：http://10.2.5.100:4242，将出现"Management Interface"页面，输入刚刚安装时设置的用户名与密码，单击【Login】按钮登录（图 2-2-5）。

登录成功并进入管理页面后，单击左边的菜单"Protocols"（协议），可以看到"HTTP"和"RTMP"的状态都显示为"Active"（激活）（图 2-2-6）。

单击左边的菜单"Streams"，将出现流设置页面，单击【Create a new stream】按钮（图 2-2-7）。

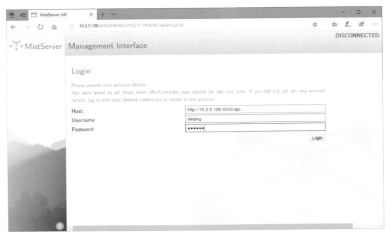

图 2-2-5

图 2-2-6

图 2-2-7

在"Stream name"（流名称）栏填写"livestream"（或者其他任何你想写的名称字串），这将是推流软件里填写的流名称。在"Source"（源）栏填写"push://"（图 2-2-8）。

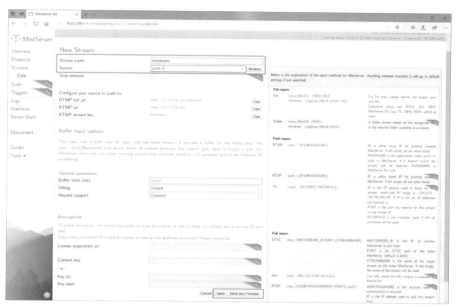

图 2-2-8

然后就可以看到"RTMP full url"后面自动产生了推流地址：rtmp://10.2.5.100/live/livestream（图 2-2-9）。

图 2-2-9

在之前介绍的 AMS 及 SRS 流媒体服务软件里，推流地址由推流端产生，而 MistServer 则必须先在服务端创建，否则推流端填写的地址将被拒绝连接。

如果需要对推流端进行指定认证，可以在"Source"栏填写指定的 IP 和密码，例如填写字串 push://10.2.5.65@123456（图 2-2-10），表示仅接收 IP 为 10.2.5.65 的设备的推流，并且推流地址包含密码 123456，推流地址为 rtmp://10.2.5.100/123456/livestream。

注意，播放器调用的地址不同于上述推流地址，这样进一步提高了安全性。无论推流地址怎样变化，播放地址不变。

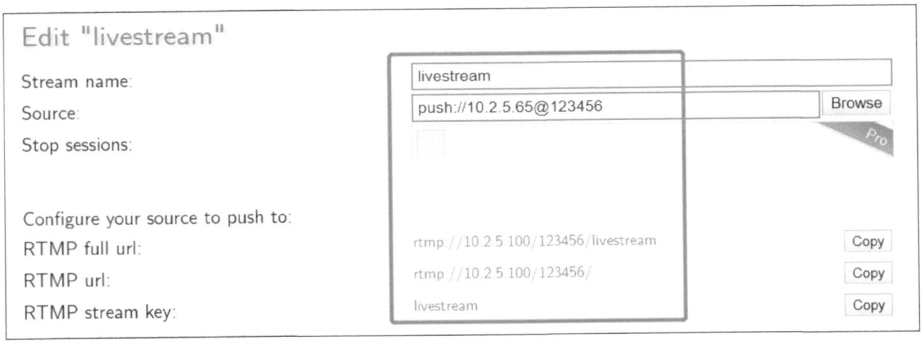

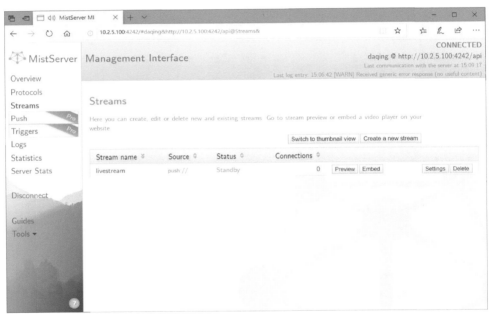

图 2-2-10

其他栏目上标注了"**Pro**"图标的功能选项只有 MistServer Pro 版本才支持。

这时候按照上述地址推流,看到名称为"**livestream**"的流的状态为"**Standby**"(图 2-2-11)。

图 2-2-11

单击【**Preview**】按钮就可以预览视频了(图 2-2-12)。

2.2.2 安装 Web 服务软件 Apache

MistServer 不像 AMS 和 SRS 那样捆绑了 Web 服务,它只纯粹提供流媒体服务,如果需要在本服务器上观看直播页面,那么需要安装 Web 服务软件,如微软的 IIS 或 Apache 服务,下面就以 Apache 为例。

关于 Apache 有很多编译版本,下面我们用的是其中纯粹的 Apache 2.4 的安装包(也可以找 Apache 的集成软件包,如 XAMPP 等)。将它解压缩到 C:\Apache24(图 2-2-13)。

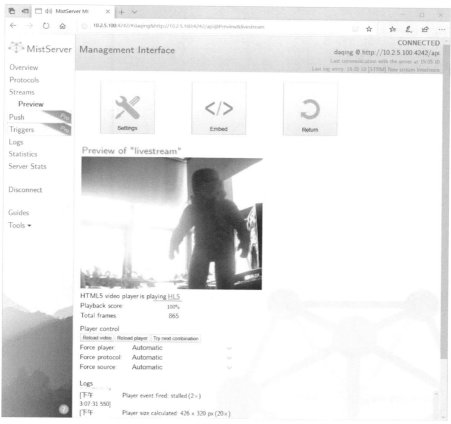

图 2-2-12

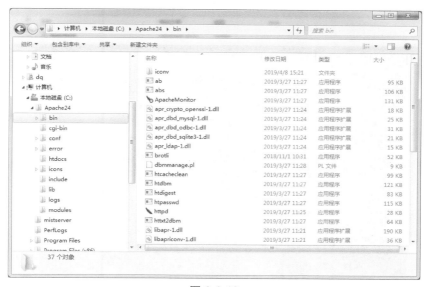

图 2-2-13

　　打开 Windows 运行菜单，右键单击"命令提示符"，在弹出的菜单中选择"以管理员身份运行"（图 2-2-14）。

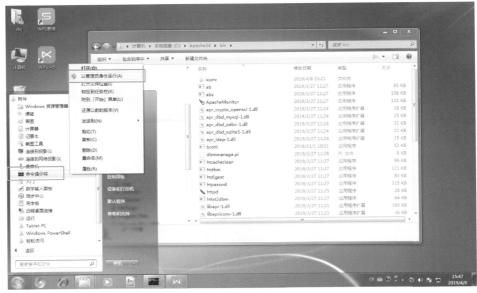

图 2-2-14

　　这时打开的 cmd.exe 窗口就是以管理员身份运行的命令行窗口，然后输入如下命令安装 httpd 服务：

```
cd c:\apache24\bin
httpd -k install
```

　　窗口提示"The 'Apache2.4' service is successfully installed."，表明安装成功（图 2-2-15）。

图 2-2-15

由于 Apache 服务需要开通 8080 端口，因此 Windows 防火墙弹出提醒窗口，单击【允许访问（A）】按钮（图 2-2-16）。

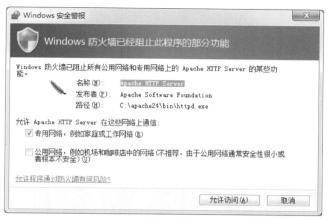

图 2-2-16

双击运行 C:\Apache24 目录下的"ApacheMonitor.exe"程序，这是一个 Apache 服务的监视窗口，可以对 Apache 进行"Start"（启动）、"Stop"（停止）、"Restart"（重启）等操作（图 2-2-17）。

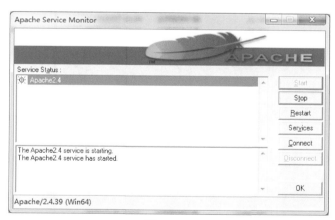

图 2-2-17

从监视窗口看到 Apache2.4 前面的"绿灯"亮了，说明 Web 服务已经可用。打开浏览器，输入地址 http://localhost 可以看到初始页面，说明 Apache 的 Web 服务已经生效。

2.2.3　编写直播播放页面

接下来打开 C:\Apache24\htdocs 目录，这是 Web 服务的 HTML 文件存放的目录，把在 2.1.4 小节制作的播放器页面 index.html（代码清单 2-1-4）复制到这里，然后再创建一个 swfs 目录，把 1.4 节 AMS 中的播放器 Flash 文件 StrobeMediaPlayback.swf 文件复制到

swfs 里面。

接下来要对 index.html 文件稍加修改，单击管理页面的【Embed】按钮（图 2-2-18）。

图 2-2-18

于是会显示各种流协议的调用地址，其中"RTMP"和"HLS"地址的格式与 SRS 系统有所不同，单击【Copy】按钮可以快速复制地址（图 2-2-19）。

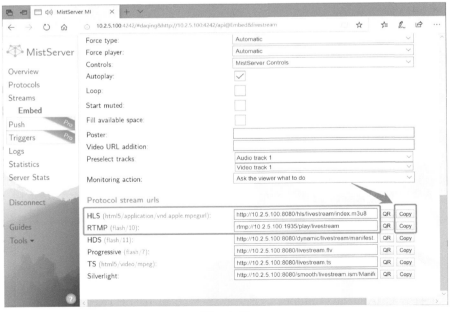

图 2-2-19

然后用编辑器打开 index.html，将其中 JavaScript 语句中的 RTMP 及 HLS 地址修改如下：

```
var rtmp_addr = "rtmp://10.2.5.100:1935/play/livestream";
var hls_addr = "http://10.2.5.100:8080/hls/livestream/index.m3u8";
```

结果如图 2-2-20 所示。

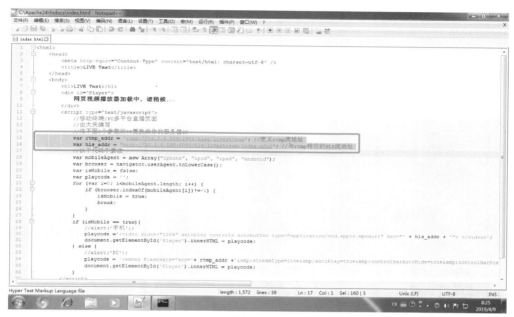

图 2-2-20

用 PC 机浏览器及手机浏览器访问地址 http://10.2.5.100，可以看到直播视频，如图 2-2-21 所示，左图为 PC 浏览器的观看效果，右图为手机浏览器的观看效果。

图 2-2-21

2.3 云直播简介

云直播是把流媒体服务器部署在服务器集群上，众多集群节点又分布在互联网的骨干数据中心。当客户端向云直播服务器推流后，视频流通过各加速节点分发到全国乃至全球各地，使各地用户都可以就近下载视频流，实现流畅播放。目前国内有众多实力雄厚的公司从事云直播服务，如腾讯、阿里、网易、华为等。

图 2-3-1 为使用云直播构建的某直播系统信息流程，播放终端在播放直播页面时，页面的文本信息来自独立主机的 Web 服务器，而直播视频流从云直播流媒体服务器上拉取，不占用本地网络出口带宽。

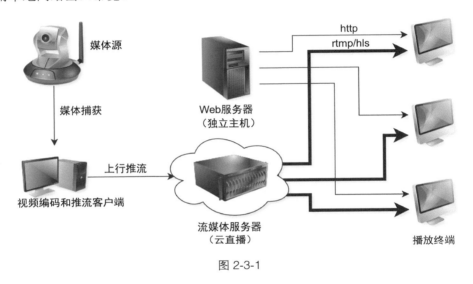

图 2-3-1

与自建直播服务器相比，使用云直播具有如下突出优点。

（1）高速宽带全地域覆盖。

国内提供互联网服务的有电信、联通、移动等巨头以及长城宽带、广电等十几家中小运营商，当跨运营商访问网站时，要经过的路由就很多，访问质量难以保证。而云直播会在不同运营商布局 CDN 加速节点，各地用户访问直播站点时被引导解析到就近的 CDN 加速节点，这样就减少了中间环节，从而让视频流传输更加顺畅。

（2）运营费用低廉。

如果使用自己的直播服务器，要保证 500 个用户正常观看 1Mbit/s 码率的视频直播，直播服务器需要占用 500Mbit/s 带宽。现在租用企业级 500Mbit/s 宽带，一年的租费需要几十万元到上百万元。但如果使用云直播服务，假如一场直播的时长为 1 个小时，观看用户有 500 人，直播码率为 1000Kbit/s，则消耗的流量大约为：

$$1000/8 \times 3600 \times 500 = 225000000 \text{ KB} = 225 \text{ GB}$$

按目前的流量费率 0.25 元 /GB 计算，这场直播费用大约 56 元。如果 1 年有 200 次直播，也就 1 万元多，还不到租用带宽的零头。

（3）性能强劲无须维护。

云直播整合计算、网络与存储等技术，可弹性扩展，稳定可靠，作为云直播用户，无须亲自维护服务器。

（4）技术支持完善。

云直播提供了各种各样的完善的 SDK、API 文档、数据统计等功能，用户可以集中精力开发业务层的应用，无须花费精力涉足底层技术。

本书第 5 章的 DEMO4 和 DEMO5 将介绍如何使用云直播搭建直播网站。

第**3**章

视频编码推流软件

在直播系统中，视频编码推流软件负责将视频（通常也包括音频）捕获、压缩为视频流，并推送到服务器。除了前面介绍的 Adobe Flash Media Live Encoder，还有 OBS Studio、Xsplit、vMix，以及一些视频网站平台自行开发的专用软件，如手机类直播 APP 等。

本章着重介绍 FMLE 和 OBS 这 2 款桌面系统常用的视频编码推流软件，它们都是可以免费使用的。

3.1 Flash Media Live Encoder 详解

Flash Media Live Encoder（以下简称 FMLE）是 Adobe 公司推出的 Flash 视频编码推流软件，迄今为止已经多年没有更新过，笔者在 Adobe 官网下载的最后版本（3.2 版本）还是 2010 年发布的。尽管如此，FMLE 的兼容性却是不错的，从 Windows XP 时代一直到现在的 Windows 10，都可以很好地运行。

在第 1 章，我们已经介绍了 FMLE 的安装和基本使用方法，下面进一步介绍它的详细参数与高级用法。

3.1.1 视频相关参数设置

视频相关参数设置界面如图 3-1-1 所示。Video（视频）前面的选框如果不勾选，那么就只对音频进行编码或直播。下面对视频相关参数的设置进行介绍。

- **Device**（设备）：列出了已经安装的视频设备，视频设备通常包括笔记本电脑内置摄像头、USB摄像头或视频采集卡等。如果有多个设备，可以选择其中一个。单击Device栏右边的图标，可以调出视频设备的控制界面，在该界面可设置色彩、亮度、对比度等参数。
- **Format**（格式）：列出了视频编码的格式，如VP6或H.264。在码率相同的情况下，H.264比VP6图像更清晰。单击该栏右边的图标也可以对编码的参数进行调整。

图 3-1-1

- **Frame Rate**（帧率）：帧率越高视频越流畅，但也要消耗更多的码流。由于国内电视标准PAL制式为25 fps（帧/秒），因此Frame Rate可选25fps。有时在目标码率设定较低的情况下，可将帧率调低至15 fps，以维持足够的清晰度。
- **Input Size**（输入尺寸）：指的是从视频设备里得到的分辨率，比如现在笔记本电脑的摄像头可以提供1920×1080、1280×720、640×480等多种规格的分辨率，但也有一些采集卡仅提供有限的规格。
- **Maintain Aspect Ratio**（保持画面比例）：这个选项使得输出画面的比例与输入画面的比例一致。
- **Bit Rate**（码率）和 **Output Size**（输出尺寸）：前者设置视频码率，后者设置视频输出的分辨率，Output Size可以与Input Size不同。这里可以同时对3个不同的Bit Rate和Output Size组合进行编码发布（图3-1-2），客户端可以根据网速来选择更好的播放效果。若发布多个码率的视频流，可配合AMS服务器做相应的设置，详见后面的3.1.3小节的"Stream"参数的说明。

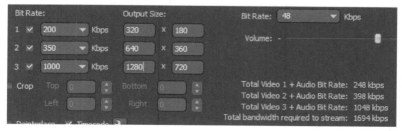

图 3-1-2

- **Crop**（裁剪）：某些模拟视频信号上下左右有黑边或者左右有不稳定的干扰边缘，勾选此选项，可对视频画面的不良边缘进行裁剪。
- **Deinterlace**（去交错）：电视行业采用隔行扫描方式传送视频，每秒传送50场画面，2 场画面交错构成 1 帧，这适合在 50Hz 的隔行扫描的电视设备上观看；而在逐行扫描的电脑显示器上，2 场画面同时显示，在动态的部分会看到明显的"锯齿"。勾选"Deinterlace"会消除这种锯齿感，如图 3-1-3 所示，左图为隔行扫描的视频截图，右图为经过 Deinterlace 处理的效果。

图 3-1-3

- **Timecode**（时间码）：此选项用来将系统时间嵌入编码的视频内。

3.1.2　音频相关参数设置

音频相关参数设置界面如图 3-1-4 所示，勾选 Audio 左边的选项后，音频也同时被编码输出。下面对音频相关参数的设置进行介绍。

图 3-1-4

- **Device**（设备）：列出音频设备名称，可以是声卡、USB 音频设备或视频采集卡上面的音频设备。单击该栏右边的 🔧 图标可以设置音频参数，如声卡的输入端子选择、音量大小调整等。
- **Format**（格式）：音频编码格式常用 MP3，如果安装了 MainConcept　AAC

Encoder插件，则可以选择更好的AAC编码。

- **Channels**（声道）：有Mono（单声道）和Stereo（立体声）可选。
- **Sample Rate**（采样率）：采样率越高，信噪比越好，频率响应越宽。CD音质需要44100Hz的采样率，语音类音频可选22050Hz的采样率。
- **Bit Rate**（码率）：码率越高，声音失真越小。
- **Volume**（音量）：用来调整输入的音频信号电平，使跳动的绿色音频电平指示竖条尽可能高，但不要到顶。

3.1.3　服务器及其他参数设置

服务器及其他参数设置如图3-1-5所示，勾选"Stream to Flash Media Server"将启用发布流媒体至服务器的功能。下面对服务器及其他参数的设置进行介绍。

- **FMS URL**（**Flash Media Server**服务器地址）：也被称为主服务器（Primary）。输入的地址格式为"rtmp://xxxx/live"，除"xxxx"（服务器的IP地址）可以改变外，其他都不要变动。
- **Backup URL**（备用**FMS**服务器地址）：可以在另一台电脑上安装AMS软件，做备用服务，FMLE可对2个服务器同时推流。

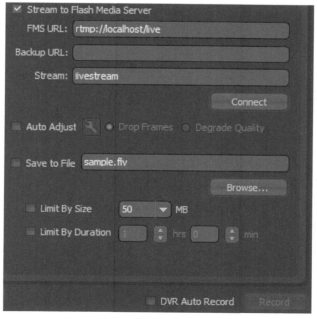

图 3-1-5

- **Stream**（流名称）：在这里可以输入任意字符串，并不限于默认安装的字符串"livestream"。如果选择了多个Bit Rate和Output Size的组合，即发布多个码率时，需要在字符串后面添加变量参数"%i"，例如"livestream%i"，网页的Flash播放器通过调用如下不同地址来展示内容相同但清晰度不同的视频：

```
rtmp://xxxx/live/livestream1
rtmp://xxxx/live/livestream2
rtmp://xxxx/live/livestream3
```

单击【Connect】按钮连接服务器但不发布视频，如果直接单击图 2-1-65 中的【Start】按钮会自动连接服务器并发布视频。

- **Auto Adjust（自动调整）**：当编码端至服务器的网络因某种原因受阻导致网速下降时，视频流发布受阻，Auto Adjust可通过"Drop Frames"（丢帧）或"Degrade Quality"（降低质量）的方式，减少视频流量，保证视频的实时性。
- **Save to File（保存文件）**：勾选其前面的选框后，可以将直播的视频同时保存到本地，文件扩展名为"flv"，若选择了"H.264"，则文件扩展名为"f4v"。

> **注意**
>
> 现在大家遇到的很多"flv"扩展名的文件大都采用"H.264"编码。

- **Limit By Size（文件限制，按大小）**：勾选其前面的选框后，录制的文件按此设置分段保存，文件名以递增数字序号区分，如sample.flv、sample_0.flv、sample_1.flv等。
- **Limit By Duration（文件限制，按时长）**：同上，文件按时间长度分段保存。
- **DVR Auto Record（DVR自动录制）**：此选项提供了在线直播的暂停回放功能，不过需要在服务器端和浏览器客户端分别开放相应的ActionScript才能使用。

图 3-1-6

以上参数在 FMLE 软件关闭后会自动保存。单击菜单"File → Save Profile"可以将不同的参数组合保存在不同的配置文件中，单击菜单"File → Open Profile"就可以调用之前保存的配置文件（图 3-1-6）。

配置文件为 XML 格式，可以用记事本打开编辑，上述参数都可以直接编辑更改。

3.1.4　连接用户认证的服务器

流媒体服务器为了防止未经许可的推流行为，可能会使用用户名与密码来认证。假如 AMS 的认证用户名为"demo"、密码为"123456"，那么FMLE 连接 AMS 服务器（图 3-1-7 中的 FMS 为AMS 早前的名称缩写）就会出现一个认证界面，

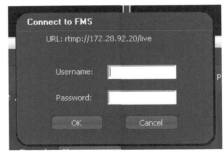

图 3-1-7

必须输入正确的用户名和密码才能发布视频（图 3-1-7）。

3.1.5　命令行定时直播及录制操作方法

　　FMLE 也提供了命令行程序，其占用资源更少，操作简便，不易出错，尤其是可结合计划任务完成定时直播或录制任务。它的程序文件名为 FMLECmd.exe，如图 3-1-8 所示。

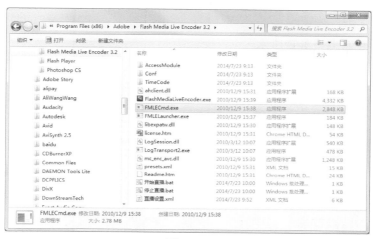

图 3-1-8

　　在 Windows 命令行窗口键入"FMLECmd /？"会列出语法帮助，下面示范操作步骤。

1.　调整并保存配置文件

　　先在图形操作界面调整好参数，并保存配置文件，例如将配置文件的文件名保存为"直播设置 .xml"备用。

2.　创建开始直播批处理脚本

　　用记事本创建一个批处理脚本文件，内容见代码清单 3-1-1。

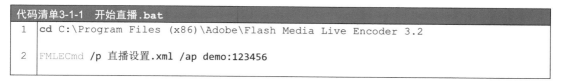

```
代码清单3-1-1　开始直播.bat
1  cd C:\Program Files (x86)\Adobe\Flash Media Live Encoder 3.2

2  FMLECmd /p 直播设置.xml /ap demo:123456
```

　　将该脚本文件保存为"开始直播 .bat"，如图 3-1-9 所示。

图 3-1-9

上述脚本文件的第一句表示进入 FMLE 程序目录。第二句的参数"/p 直播设置 .xml"表示加载配置文件"直播设置 .xml",若配置文件与 FMLECmd.exe 不在同一个文件夹,则需要加上完整路径;"/ap demo:123456"表示认证主服务器用户名"demo"和密码"123456"(如果存在认证备用服务器,则再增加一个"/ap user:password"参数)。

> **注意**
>
> 简单地关闭"FMLECmd /p"的命令行窗口是不能停止直播的,必须使用"FMLECmd /s"命令才能结束直播。

3. 创建停止直播批处理脚本

同样建立一个批处理脚本文件,文件名为"停止直播 .bat",内容见代码清单 3-1-2。

代码清单3-1-2 停止直播.bat

```
1  cd C:\Program Files (x86)\Adobe\Flash Media Live Encoder 3.2
2  FMLECmd /s rtmp://192.168.1.102/live+livestream
```

批处理文件内的字符串"rtmp://192.168.1.102/live+livestream"必须跟配置文件"直播设置 .xml"里描述的 <url> 路径与 <stream> 流名称一致(图 3-1-10)。

图 3-1-10

4. 直播与停止

双击"开始直播 .bat"启动直播(图 3-1-11),在这个命令行窗口里可以监看编码与数据传输的情况,不要关闭这个界面。如果要停止直播,双击"停止直播 .bat"即可。

可对上述批处理文件创建桌面快捷方式,使用 Windows 的计划任务或者第三方的定时软件可实现定时直播与停止。

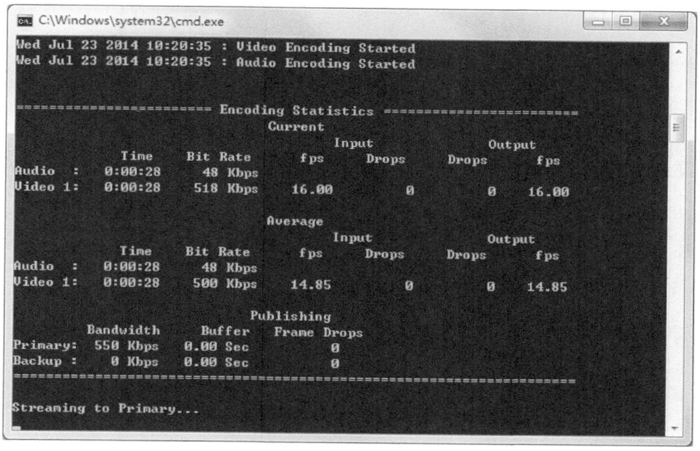

图 3-1-11

3.1.6　让 FMLE 支持 AAC 音频

现在视频直播一般都使用 AAC 作为音频编码，AAC 音频编码比 MP3 的压缩效率更高、音质更好。MainConcept 公司有一个专为 FMLE 开发的插件 AAC Encoder Plug-In，可从其官网下载试用（图 3-1-12）。

图 3-1-12

插件安装完成后，FMLE 就可以选用 AAC 音频编码了（图 3-1-13）。

图 3-1-13

不过，试用版每次只能试用 30 秒，如果需要购买，官网的定价是每一个许可 180 美元，每台电脑一个许可。

3.2　OBS Studio 使用教程

OBS 是 Open Broadcaster Software（开放式广播软件）的缩写，OBS Studio（以下简称 OBS）是一个免费开源的视频录制与推流软件，它有 Windows、macOS 和 Linux 多个操作系统版本，使用者很多，维护开发以及赞助者也不少。因为 OBS 版本更新较快，其操作界面可能与书中截图稍有差异。

3.2.1　下载安装 OBS

请从官网下载 OBS 的最新版本，下载完成后运行 OBS 安装程序，然后按默认项一路确定即可完成安装，安装过程这里不再赘述。如果是在 Windows 7 系统下安装，可能需要先安装 DirectX 及 VC 运行库。

3.2.2　OBS 快速入门

为方便体验，这里使用了笔记本电脑，如果使用的是台式机，请先安装好 USB 摄像头。第一次运行 OBS 会跳出一个"自动配置向导"窗口，单击【是】按钮来快速体验一下（图 3-2-1）。

图 3-2-1

在"使用情况"的提示下，选择"优先优化串流，其次为录像"选项，单击【前进】按钮（图 3-2-2）。

接下来是"视频设置"，这里的参数先用默认值，后面将进一步详解，单击【前进】按钮继续（图 3-2-3）。

下面填写"串流资讯"。在"服务"右侧菜单里，OBS 内置国外常见视频网站的登录地址，而我们需要填写自己的服务器，因此选择"自定义 ..."，然后在"服务器"栏填写 RTMP 服务器地址（参见 1.4 节搭建流媒体服务器的内容），例如"rtmp://192.168.0.10/live"，"串流密钥"为"livestream"，其他选项按默认值，依然单击【前进】按钮（图 3-2-4）。

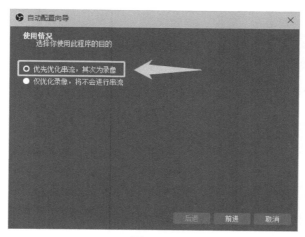

图 3-2-2

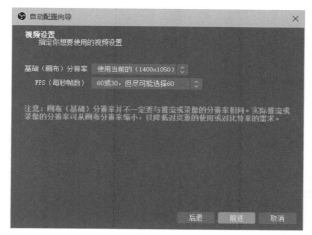

图 3-2-3

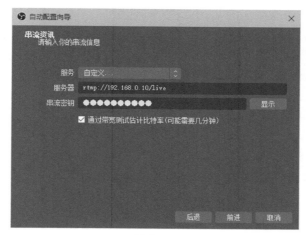

图 3-2-4

这时 OBS 弹出 "串流警告" 窗口，单击【是】按钮继续（图 3-2-5）。

图 3-2-5

然后 OBS 会执行一系列带宽与编码器性能测试（图 3-2-6）。

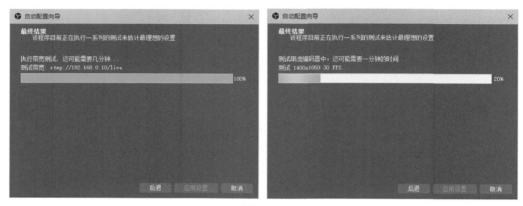

图 3-2-6

接下来 OBS 会根据测试结果给出建议参数值，单击【应用设置】按钮（图 3-2-7）。

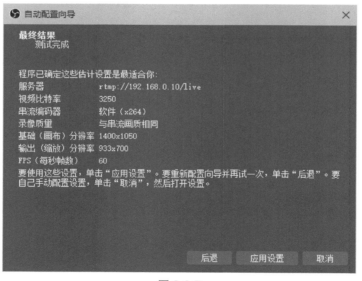

图 3-2-7

回到 OBS 主界面，接着开始添加摄像头设备，在"来源"面板的下方，单击【+】，弹出菜单，单击"视频捕获设备"（图 3-2-8）。

图 3-2-8

然后会出现"创建或选择源"窗口，保留默认值不变，单击【确定】按钮（图 3-2-9）。

图 3-2-9

这时出现"属性'视频捕获设备'"窗口，如果在"设备"栏可见摄像头设备，则一般此时也可见视频图像。如果"设备"栏为空白，则电脑可能没有安装摄像头或其他视频设备。确认没有问题后，单击【确定】按钮（图 3-2-10）。

单击【确定】按钮后，如果没有出现图像，可尝试将"分辨率 / 帧率 类型"由"设备默认"改为自定义，然后在"分辨率"栏尝试更改不同的分辨率。

图 3-2-10

　　出现图像后，在主界面中间的黑色窗口是 OBS 的所谓"画布"，如果摄像头捕获图像的分辨率未充满"画布"，可以用鼠标拖曳图像红线周边的红色小方块来拉伸图像，直至充满整个"画布"（图 3-2-11）。

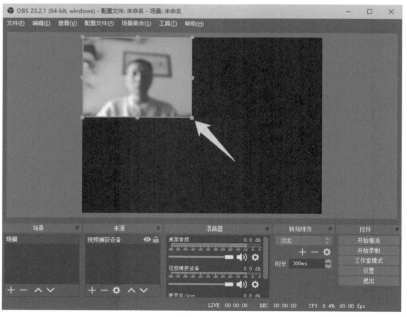

图 3-2-11

最后，单击【开始推流】按钮，OBS 开始与服务器通信联系，成功后此按钮文字变成【停止推流】，同时在窗口最下方，会显示丢帧、CPU 利用率、码率等信息，并显示一个绿色方块（图 3-2-12）。

图 3-2-12

如果要停止直播，单击【停止推流】按钮即可。如果单击【开始录制】按钮，还可以录制视频。

3.2.3　OBS 的参数设置

虽然 OBS 向导会自动推荐参数，但其推荐的参数未必是最合适的，实际直播时选择参数需要综合考虑多方面的因素，这一节给大家详细介绍 OBS 的参数设置。

在进行设置前，请先停止推流。然后单击 OBS 主界面右下方的【设置】按钮，或者单击主菜单中的"文件→设置"（图 3-2-13）。

这样就打开了设置窗口，单击左边显示的"通用""推流""输出"等 7 个方面的设置项目，可分别进入各自的设置界面。下面分别介绍这几个项目中一些主要或常用的设置。

1. 通用

如果需要在直播的同时保存录像，建议在"通用"项勾选"推流时自动录像"前面的选框，这样在单击【开始推流】按钮进行直播后，不需要单击【开始录制】按钮，就能自动在本机保存录像（图 3-2-14）。

2. 推流

在此项主要填写服务器地址和串流密钥（图 3-2-15）。

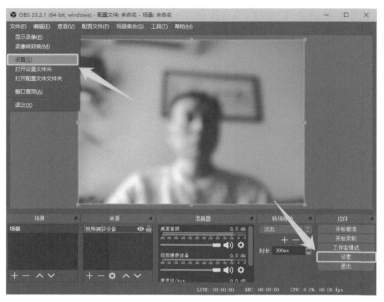

图 3-2-13

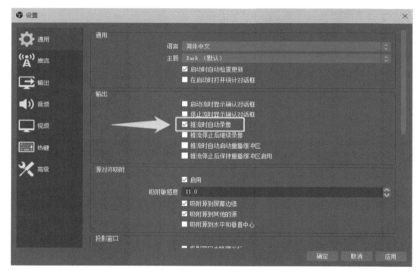

图 3-2-14

- **服务**：此处选"自定义 ..."，然后在下面 2 个栏目中填写相应的参数。
- **服务器**：此处填写 RTMP 推流地址，如"rtmp://192.168.0.10/live"。
- **串流密钥**：可填写推流名称如"livestream"，有些服务器需要附加密钥参数，防止未经许可的推流。密钥显示为圆点，以防偷窥，如果要查看密钥，单击右侧【显示】按钮后就可以看到密钥内容，而此时按钮的文字将变为【隐藏】。
- **使用身份验证**：某些服务器需要用户名和密码进行验证才能推流，勾选"使用身份验证"前面的选框后将显示用户名与密码输入栏。

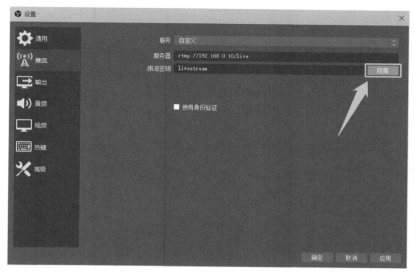

图 3-2-15

3.　输出

此项主要用来调整音视频编码器、码率与录像格式等参数（图 3-2-16）。

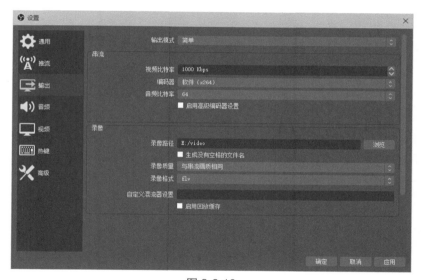

图 3-2-16

- **输出模式**：默认使用"简单"选项。如选择"高级"，则有更多功能。
- **视频比特率**：比特率也就是常说的码率，画面简单且变化缓慢的场景如会议讲座可以选择较低的码率，如分辨率为960×540时，码率设置为750 Kbit/s时效果还不错。而快速变化的场景如舞蹈表演可能需要将码率提高到1000 Kbit/s以上才能满足观感。
- **编码器**：如果电脑上安装有较新的 NVIDIA 芯片的显卡（一般 GTX960 以上），可能会有"硬件（NVENC）"编码器选项，使用它可以有效降低 CPU 的利用率（图

3-2-17）。

图 3-2-17

例如某工作站安装有 NVIDIA 芯片的 Quadro P2000 显卡，使用"软件（x264）"编码时 CPU 利用率为 19%（图 3-2-18 左），开启"硬件（NVENC）"编码后 CPU 利用率为 7%（图 3-2-18 右）。

图 3-2-18

如果该电脑使用比较新的 Intel 核显芯片，则可能有"硬件（QSV）"编码器，选择它同样可以降低 CPU 利用率。例如有一台笔记本电脑，显示芯片为 Intel UHD Graphics 620，支持 Intel Quick Sync Video（QSV）硬件编码加速，使用"软件（x264）"编码时 CPU 利用率为 49%（图 3-2-19 左），开启"硬件（QSV）"编码后 CPU 利用率降为 21%（图 3-2-19 右）。

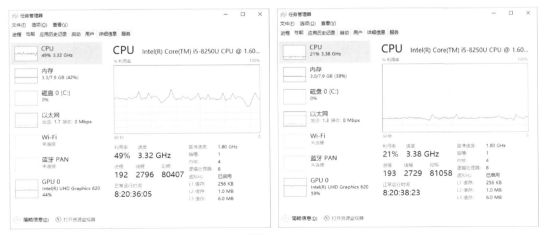

图 3-2-19

但如果没有任何硬件编码器，就只能选用"软件（x264）"编码器了。

- **音频比特率**：使用160Kbit/s，音质已经很好了，如果音频以语音为主，还可以将其调低到64Kbit/s，而且不会感觉到音质有明显下降。
- **录像路径**：建议在存储空间较大的硬盘上创建一个目录，专用于存放录像，如 E:\video。
- **录像格式**：使用"flv"格式时即使电脑意外断电，录制的FLV文件依然有效，因此这是一个比较好的选择。如果选择其他格式如"mp4"，当遇到上述意外时，录制的MP4文件就无法使用。

4．音频

此项目涉及音频设备的参数设置（图3-2-20），这里介绍其中主要的参数设置，其余参数设置不作介绍。

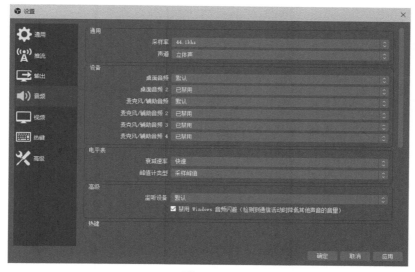

图 3-2-20

- **采样率**：一般常用"44.1khz"。
- **声道**：一般选"立体声"。
- **桌面音频**：指的是声卡输出的音频，也就是输出到音箱或耳机的信号。如果选"默认"而不具体指定，那么该设备就是Windows"声音"的"播放"设置的"默认设备"，如图3-2-21所示。
- **桌面音频2**：同"桌面音频"。
- **麦克风/辅助音频**：可指定话筒输入、线路输入等。如果设置为"默认"，则该设备是Windows"声音"的"录制"设置的"默认设备"，如图3-2-22所示。
- **麦克风/辅助音频2、3、4**：同"麦克风/辅助音频"。

5．视频

此项用来设置视频尺寸与帧率（图3-2-23）。

图 3-2-21

图 3-2-22

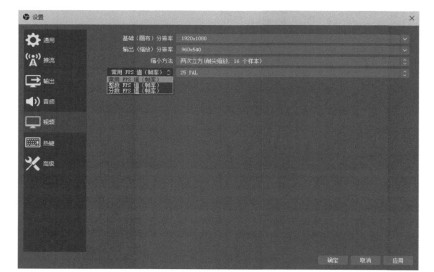
图 3-2-23

- **基础（画布）分辨率**：建议按视频源的最大尺寸设置，比如摄像头的分辨率为 1920×1080，那就设置为"1920×1080"。
- **输出（缩放）分辨率**：即最终推流输出的视频分辨率，一般设置为等于或低于基础分辨率，如设为"960×540"在投影仪及手机上仍然感觉清晰度不错。
- **缩小方法**：指的是将图像缩小的算法，默认设置会在画质与CPU利用率方面比较折中。如果选"Lanczos（削尖缩放，32个样本）"算法，则图像锐利，但CPU利用率较高。

- **常用 FPS 值（帧率）**：按我国的视频制式应选用"25 PAL"。如果右边列表中没有需要的值，可以在左边选择"整数 FPS 值（帧率）"，这样就可以自定义了。

6. 热键

如果要经常、重复性地用到特定的功能，比如启动与停止直播、切换场景等，可以为这些操作定义热键，以方便使用。

7. 高级

其中的"录像"设置，如果勾选"自动封装至 MP4 格式"前面的选框，则停止录制后自动将 FLV 格式封装为 MP4 格式（图 3-2-24）。

图 3-2-24

注意

如果勾选了此项，那么在停止录制或直播后，必须等 OBS 封装完成，才能再次开始录制或直播。这个等待时间视录制文件大小和硬盘读写速度而定，一般在几秒到几十秒之间。

3.2.4　OBS 的功能介绍

关于 OBS 的各项功能，通过以下实验会有更好的理解。请再准备一个 USB 摄像头，插到笔记本电脑上备用，这样此电脑就拥有了 2 个视频捕获设备。如果使用台式机，也要使用 2 个 USB 摄像头。

图 3-2-25

1. 场景

在 3.2.2 小节，对现有场景已经设置了摄像头，接下来再添加一个场景。在主界面的"场景"面板左下方，单击【+】（图 3-2-25），弹出"添加场景"窗口，输入场景名称，单击【确定】按钮（图 3-2-26）。

这时，添加的"场景 2"还没有设置来源（图 3-2-27），我们需要给它设置一下。

图 3-2-26

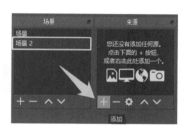

图 3-2-27

单击【+】（或者右键单击"来源"面板）将弹出一个菜单（图 3-2-28）。

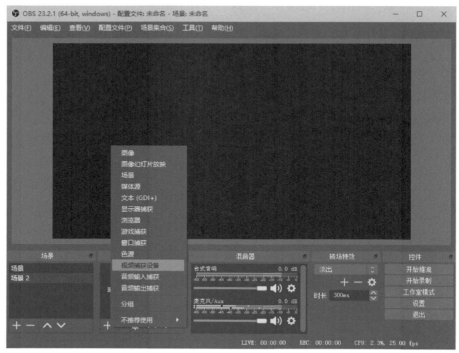

图 3-2-28

单击"视频捕获设备"，弹出"创建或选择源"窗口，单击"新建"选项，然后再单击【确定】按钮（图 3-2-29）。

图 3-2-29

这时在"设备"项有 2 个摄像头可供选择，第一个已经使用了，只能选择第二个（图 3-2-30）。

单击【确定】按钮之后，回到主界面，此时单击不同的场景，就能切换输出不同的摄像头拍摄的画面（图 3-2-31）。

图 3-2-30

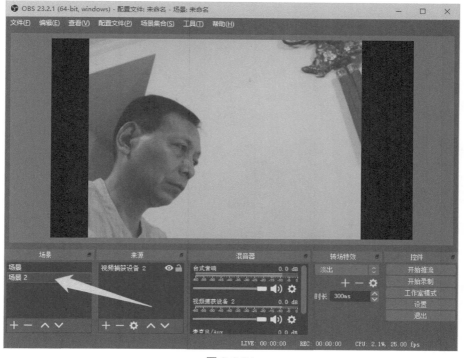

图 3-2-31

下面体验一种更直观的切换操作方式，那就是单击主菜单"查看→多视频（全屏）"

或"多视频（窗口）"，会出现多视频界面，单击不同画面就能完成切换（图 3-2-32）。

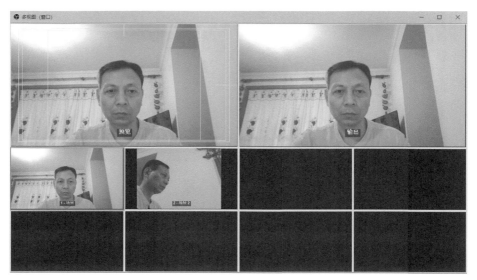

图 3-2-32

在这个多视频界面，下半部分有 8 个小方块，代表 8 个场景。如果需要更多的场景，可以进入设置，在"通用"的"多视图"里进行调整，最多可以调成 24 场景（图 3-2-33）。

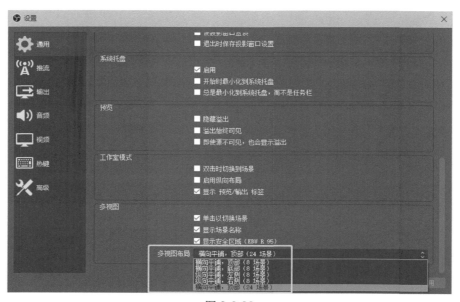

图 3-2-33

2. 来源

其实每个场景并不限于一个源，如图 3-2-34 所示，"场景 2"已经有了一个"视频捕获设备"，单击【+】弹出菜单，单击"图像"再添加一个源。

图 3-2-34

默认的"新建"选项保持不变，单击【确定】按钮（图 3-2-35）。

图 3-2-35

出现"属性'图像'"窗口，单击【浏览】按钮，找到图像文件，然后单击【确定】
按钮（图 3-2-36）。

这样在"来源"面板里有 2 个源，可以单击该面板下面的 ∧ ∨ 图标，调整 2 个源
的叠加顺序，并可分别调整图像大小；单击眼睛或小锁图标 👁🔒 可以对 2 个源分别禁
止使用或锁定尺寸。要增加或删除源，可单击 ＋－图标，重新设置源可单击齿轮 ⚙ 图标
（图 3-2-37）。

图 3-2-36

图 3-2-37

　　右键单击"来源"里的源，或者右键单击画布中的源图像，将弹出菜单，可以在弹出菜单中进行许多功能设置，比如给视频增加滤镜、将画面旋转或翻转、画面居中、将画面按比例适配屏幕（缩放），或者使用"变换→拉伸到全屏"将图像铺满整个画布等（图 3-2-38）。

图 3-2-38

OBS 的"来源"可加入文字、图片、视频、流媒体、显示器捕获与采集卡捕获等，实现图层叠加合成效果。

3. 混音器

混音器里的音频设备对应于"设置"里使用的音频设备（图 3-2-39）。

图 3-2-39

有声响时，混音器里的"麦克风 /Aux"音量会跳动显示。拖动下面的滑块，可以减小输入的音量，单击小喇叭图标可以禁音。

如果要增大麦克风的音量怎么办？单击小喇叭右边的小齿轮图标，在弹出的菜单中单击"高级音频属性"，弹出"高级音频属性"窗口，在这里就可以调整音量的数值，音量数值为 0dB 时表示不放大也不减小（图 3-2-40）。

图 3-2-40

默认 OBS 推流时是不发出声音的，如果将"关闭监听"改为"监听并输出"，就可以对直播的音频实现监听了。

某些数字视频设备如 SDI 或 HDMI 采集卡会解调出视频所嵌入的音频，如图 3-2-37 混音器中的"视频捕获设备 2"，可以通过设置"监听并输出"来听到它。

4. 转场特效

转场特效可以使场景之间的切换显得有趣味，"淡出"和"直接切换"（俗称"硬切"）都是比较常用的。单击【+】按钮可以增加"滑入滑出"等多种特效，过渡时长也可以自行调整，时长默认为 300ms（图 3-2-41）。

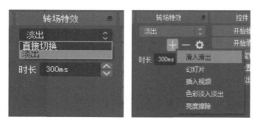

图 3-2-41

"滑入滑出"效果预览如图 3-2-42 所示。

5. 工作室模式

在 OBS 直播时，画布中的元素是可以操作的，比如对视频画面进行缩放移动，这个调整过程是会直播出去的。

如果需要调整画布，但不想把过程直播出去，那么可以单击【工作室模式】按钮，切换到工作室模式，这时调整画布的过程不会直播，画布调整完后单击【工作室模式】按钮回到主界面（图 3-2-43）。

图 3-2-42

图 3-2-43

6. 场景集合

不同的直播任务可能需要不同的场景设置，使用"场景集合"功能可以将不同任务的场景设置分别保存下来，待下次直播时调用该设置即可，免去重新设置的麻烦。

　　单击主菜单"场景集合"，下面有新建、复制、重命名、移除、导入、导出等多个菜单选项，可以对多个场景进行管理（图 3-2-44）。

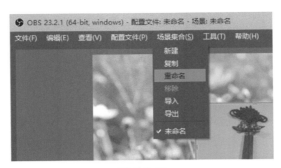

图 3-2-44

7. 配置文件

　　配置文件的功能可参考"场景集合"，所不同的是配置文件保存的是"设置"里的相关参数，如音视频码率、尺寸、直播服务器地址等。

3.2.5　常用技巧

　　笔者总结整理了工作中经常遇到的问题以及使用技巧，供读者朋友们参考。

1. 4：3人像转16：9不变形

　　现在高清视频的画面比例基本上都是 16：9，但是还有一些画面比例为 4：3 的旧设备，如果把 4：3 的画面按比例放大到 16：9 的屏幕上，那么屏幕左右两边将出现黑边，如果将画面拉伸使其充满屏幕，人物就拉宽变形了（图 3-2-45）。

图 3-2-45

　　如果既要实现放大不变形，又不要左右两边的黑边，这可能吗？请尝试一下 OBS 的一个滤镜。在 OBS 主界面的图像上用鼠标右键单击，弹出菜单，单击"滤镜"后弹出窗口"'视频捕获设备'的滤镜",在"效果滤镜"下边,单击【+】弹出菜单,然后单击"缩放比例"(图 3-2-46)。

图 3-2-46

在右边的图像下方,在"分辨率"右侧选"基础(Canvas)分辨率",下方勾选"当从超宽扩展时,让图片中心不失真"前面的选框,于是 4∶3 的图像就充满了原先的黑色边框(图 3-2-47)。

图 3-2-47

结果看上去人脸确实没变形!仔细观察,发现它的做法是把图像边缘横向拉伸了,边缘部分还是有变形的。虽然这种做法有点儿投机取巧,但观感确实好多了。

2. 视频抠像换背景

可以通过以下方式实现给视频抠像换背景。首先,在具有蓝色或绿色均匀背景的视频上右键单击，选"滤镜"菜单项（图 3-2-48）。

图 3-2-48

这时会弹出滤镜窗口，在左下方"效果滤镜"的下边单击【+】，弹出菜单，选"色度键"（图 3-2-49）。

图 3-2-49

输入滤镜名称，可保留默认值不变，单击【确定】按钮（图 3-2-50）。

图 3-2-50

在滤镜设置窗口，根据视频背景选择"关键的颜色类型"（视频界一般称为"键控的颜色类型"），绿背景就选"绿色"。如果抠不干净，试着调节"相似度"，可将背景颜色深浅不均匀的地方都抠除，而调节"平滑"滑块可将抠像的边缘柔化处理，然后单击【关闭】按钮完成抠像操作（图 3-2-51）。

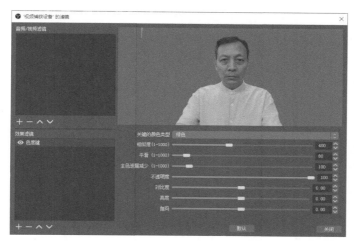

图 3-2-51

回到主界面，再添加一个图像来源，将图像调到下层，这样就做出抠像换背景的效果了（图 3-2-52）。

图 3-2-52

3. 给麦克风音频降噪

在没有隔音的条件下使用麦克风拾音，环境噪声比较明显，此时可以使用 OBS 提供的音频降噪滤镜。在"混音器"中，单击"麦克风/Aux"右边的⚙图标，弹出菜单，单击"滤镜"（图3-2-53）。

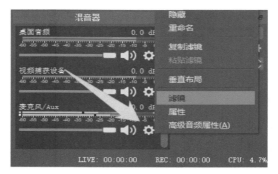

图 3-2-53

在弹出的滤镜窗口左下方，单击【+】，弹出菜单，选"噪声抑制"（图3-2-54）。

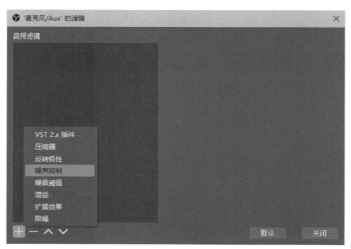

图 3-2-54

这时会弹出"滤镜名称"窗口，保留默认名称，单击【确定】按钮（图3-2-55）。

图 3-2-55

于是就添加了"噪声抑制"滤镜，调节"抑制程度"到"0"就是无降噪，将"抑制程度"调到"−60"时抑制程度最大，但是也会导致失真增大，因此不能太贪心。实际上默认数值"−30"的降噪效果还是比较适中的（图3-2-56）。

4. 低码率直播同时录制高品质视频

一般在直播的时候可能会使用比较低的视频规格，如分辨率设为1280×720、视频码率设为 1000 Kbit/s，以兼顾带宽等各方面因素。如果直播时同时录制，按照之前的操作启用录制设置，则录制视频的分辨率和码率与直播是一样的，这会造成品质较差，对于后期精剪和存档来说略显遗憾。

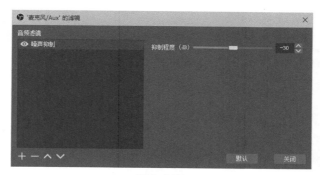

图 3-2-56

那么能否在直播时使用较低的码率，同时又录制出高品质的视频呢？当然可以。

首先，进入"设置→视频"，将"基础（画布）分辨率"和"输出（缩放）分辨率"都调成视频设备的原始分辨率，如"1920×1080"（图 3-2-57）。

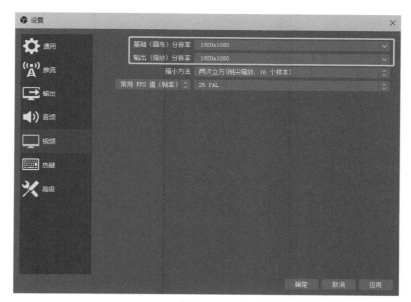

图 3-2-57

再进入"输出"，将"输出模式"改为"高级"，单击"串流"，"音轨"选"1"。勾选"重新缩放输出"右面的选框，并在这一栏填写"1280×720"，"比特率"一栏填写"1000 Kbps"（图 3-2-58）。

再单击"录像"，将"录像路径"设置到一个专门的目录，"录像格式"选"flv"，"音轨"选"2"，"编码器"不要选"（使用串流编码器）"，如果有硬件编码器最好，没有的话就选"x264"，这样就可以设置与直播（串流）不同的码率供录制使用。"比特率"提高到"6000 Kbps"或更高（图 3-2-59）。

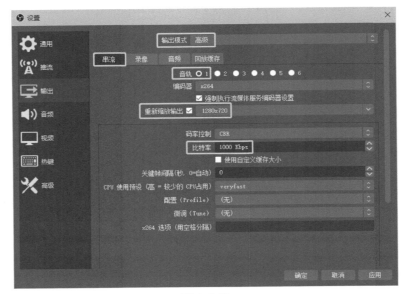

图 3-2-58

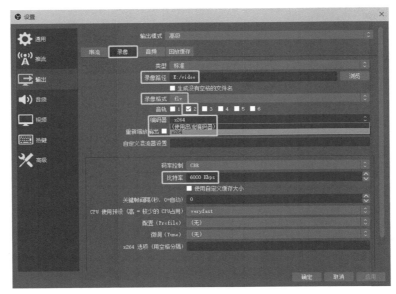

图 3-2-59

　　接下来单击"音频"，将"轨道 1"的"音频比特率"设置为"64"（单位 Kbit/s，以下同），"轨道 2"的"音频比特率"设置为"160"，这 2 个轨道分别对应于图 3-2-58 中的"串流"和图 3-2-59"录像"的音轨设置，最后单击【确定】按钮完成设置（图 3-2-60）。

　　这样录制的是分辨率为 1920×1080、视频码率为 6000Kbit/s、音频码率为 160Kbit/s 的较高品质的视频，而直播的则是分辨率为 1280×720、视频码率为 1000Kbit/s、音频码率为 64Kbit/s 的视频。

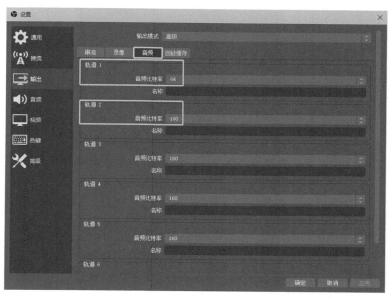

图 3-2-60

5. 安全地录制 MP4 文件

虽然 OBS 可以直接录制为 MP4 文件，但是万一中途不小心断电或死机，会导致 MP4 文件无效，所以对于十分重要的场合，还是将文件录制为 FLV 格式最保险。但某些软件不支持 FLV 格式，如非编软件 Adobe Premiere Pro CC 导入 FLV 文件时，可能会出现"文件导入失败"的窗口提示（图 3-2-61）。

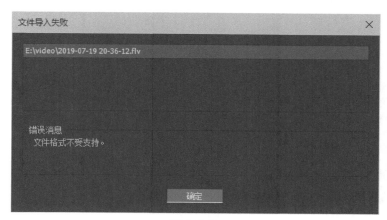

图 3-2-61

OBS 提供了将 FLV 格式封装为 MP4 格式的功能，单击菜单"文件→录像转封装"，打开"录像转封装"窗口，再单击"文件→显示录像"，直接打开录像所在文件夹，将 FLV 文件拖到"录像转封装"窗口，然后单击窗口下方的【转换封装】按钮，就可将文件由 FLV 格式转换为 MP4 格式了（图 3-2-62）。

图 3-2-62

6. 定时自动停止直播或录制

如果希望直播或录制一段时间后能自动停止，可以单击菜单"工具→输出计时器"，会弹出"输出计时器"窗口（图 3-2-63）。假设希望直播 45 分钟后停止，则填写 45 分钟，然后单击【开始】按钮（【开始】按钮会立即变为【停止】），于是开始直播，倒计时 45 分钟结束后即自动停止。定时停止录制也是同样操作。

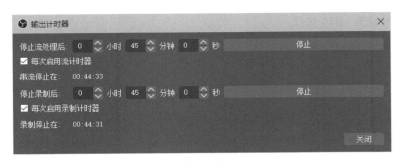

图 3-2-63

> **注意**
>
> 如果勾选"每次启用流计时器"前面的选框，那么每次直播都会自动启动计时器，请慎重行事，否则直播过程中可能会自动停止直播。

7. 手动重置OBS

要想手动重置 OBS，单击主菜单"文件→打开设置文件夹"，这个文件夹里保存了所有的 OBS 设置，包括"场景集合"和"配置文件"。删除其中的所有文件就能手动重置 OBS 的所有参数，然后再打开 OBS 就会启动程序向导。

## 第4章

实用工具软件

本章将介绍并推荐 3 个实用工具软件 VLC media player 、FFmpeg 和 Radmin，我们将在后续的章节中经常遇到它们。VLC media player 是一个开源的播放器，经常用于流媒体播放和测试。FFmpeg 是一个底蕴丰厚的开源视频处理软件，很多视频播放器、转码软件、直播网站都以它为基础。而在众多远程桌面软件中，Radmin 是笔者最推荐的一款。接下来首先介绍 VLC media player。

4.1　万能播放器 VLC media player

VLC media player（以下简称 VLC）是一款自由、开源的跨平台多媒体播放器及框架，能播放任何内容，如文件、光盘、摄像头、设备及流媒体；支持大多数媒体格式，如 MPEG-2、MPEG-4、H.264、MKV、WebM、WMV、MP3 等；可在几乎所有流行的平台上运行，如 Windows、Linux、Mac OS X、Unix、iOS、Android 等；完全免费，无间谍软件，无广告，无跟踪用户的行为。

4.1.1　下载安装 VLC

VLC 可从官网下载，建议选最新的版本，至少不低于 3.0.3（图 4-1-1）。安装过程没有什么特别设置，按默认选项安装即可。

图 4-1-1

提示

如果安装了 VLC 3.0.3 或以后的版本，OBS 就多了一种来源——VLC 视频源，从而可以直接调用多种流媒体协议，这样就能通过网络来获取视频，如网络摄像头拍摄的视频。

4.1.2 VLC 播放音视频文件

VLC 播放音视频文件的功能与其他播放器类似，常规的打开文件、播放、停止、全屏、音量调节等功能都具备（图 4-1-2）。

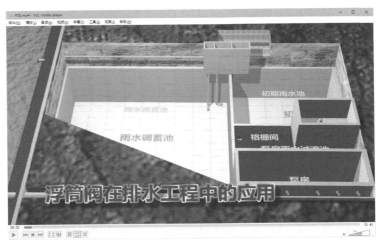

图 4-1-2

如果要查看当前媒体的编解码信息，可以单击菜单"工具→编解码器信息→编解码器"（图 4-1-3）。

图 4-1-3

4.1.3 VLC 播放流媒体

假设我们已经安装了 SRS 流媒体服务器，并开始向它推流，推流地址为"rtmp://192. 168.0.10/live/livestream"，那么可以使用 VLC 来测试、播放这个地址。首先，单击主菜单"媒体→打开网络串流（<u>N</u>...）"（图 4-1-4）。

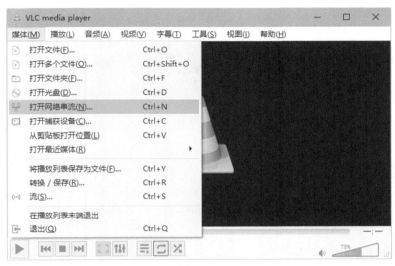

图 4-1-4

然后在弹出的菜单中，在"网络协议"栏输入"rtmp://192.168.0.10/live/livestream"（图 4-1-5）。

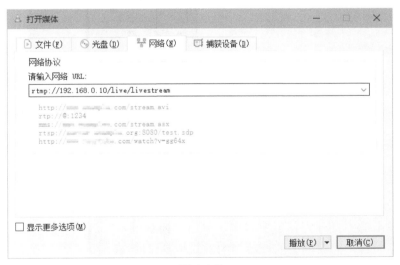

图 4-1-5

接下来再单击【播放】按钮，稍候片刻即可看到播放的视频（图 4-1-6）。

除了 RTMP 协议，VLC 还支持 FLV、M3U8、RTSP、RTP、UDP 等其他多种协议。

图 4-1-6

4.1.4 使用 VLC 直播电脑桌面

使用 VLC 的串流功能，可以捕获摄像头或桌面，并编码成视频流进行直播。首先，我们要通过以下操作来设置串流桌面。

1. 设置串流桌面

首先单击主菜单"媒体→流（S）..."（图 4-1-7）。

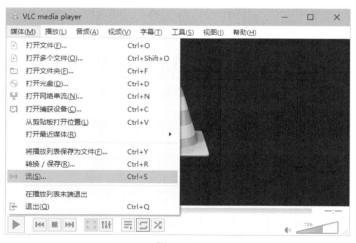

图 4-1-7

然后在弹出的"打开媒体"窗口中，单击"捕获设备"选项卡，在"捕获模式"栏右边选择"桌面"；"捕获期望的帧率"的默认值是 1.00 帧 / 秒，将该值提高到 15.00 帧 / 秒（图 4-1-8）。

接下来再单击窗口下面的【串流（S）】按钮，会出现"流输出"窗口，单击【下一个】按钮（图 4-1-9）。

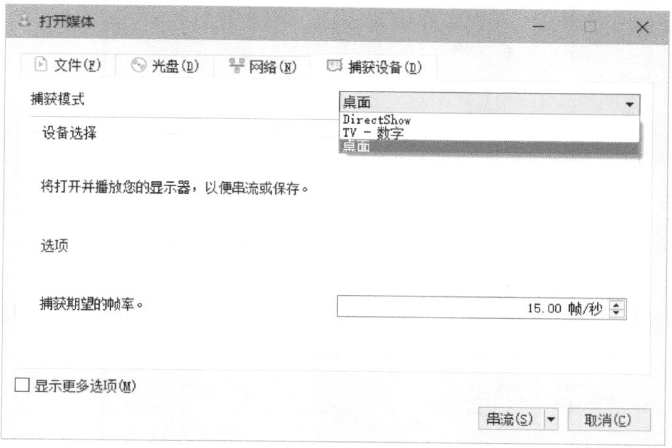

图 4-1-8

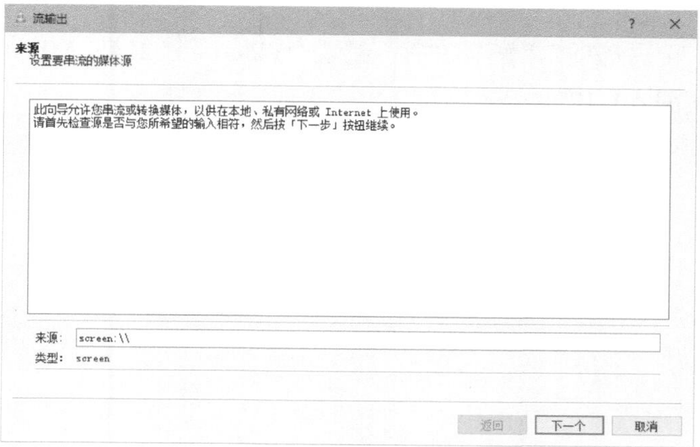

图 4-1-9

在弹出的"流输出"窗口的"目标设置"项，在"新目标"右边选择协议"RTSP"，然后单击【添加】按钮（图 4-1-10）。

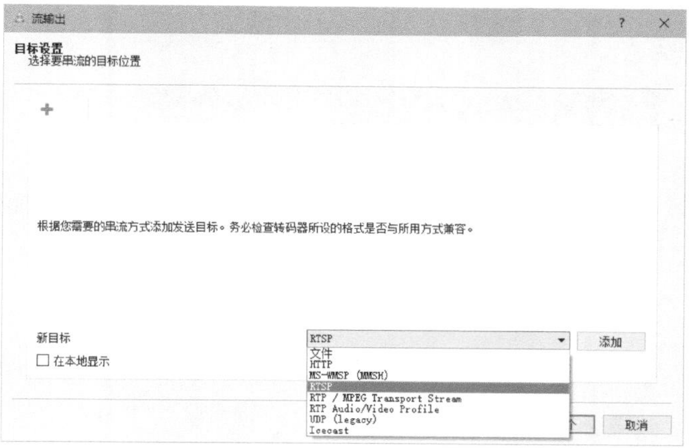

图 4-1-10

接下来的"端口""路径"的设置按默认值保持不变，单击【下一个】按钮继续（图4-1-11）。

图 4-1-11

这时会出现"转码选项"，"配置文件"栏选"Video – H.264 + MP3（TS）"，单击【下一个】按钮继续（图4-1-12）。

图 4-1-12

VLC 显示生成的串流输出字符串，如图4-1-13所示，现在单击【流】按钮，就开始正式串流了。

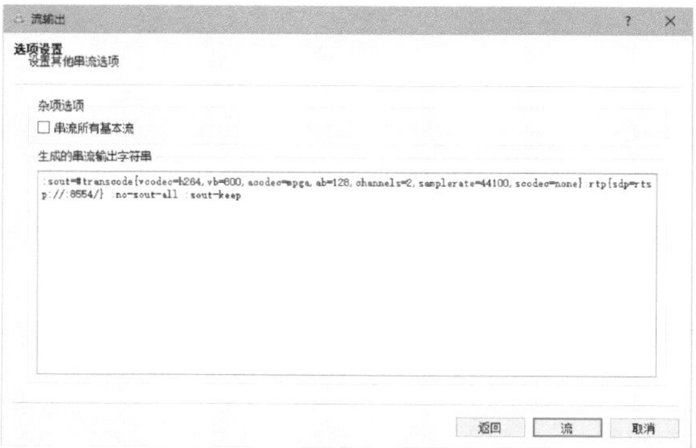

图 4-1-13

因为 VLC 需要使用 8554 端口，故 Windows 可能会发出安全警报，单击【允许访问（A）】按钮（图 4-1-14）。

这样就设置好了串流桌面，可以看到 VLC 窗口左下方显示了串流的时长（图 4-1-15）。

图 4-1-14

图 4-1-15

接下来介绍播放串流的桌面。

2. 播放串流的桌面

在另一台电脑上同样运行 VLC，并输入地址"rtsp://10.2.6.55:8554/"，其中的 IP 就是串流电脑的 IP 地址（图 4-1-16）。

图 4-1-16

稍候片刻就能在 VLC 中看到那台串流电脑的桌面了（图 4-1-17），注意串流的画面有几秒的延时。

VLC 还可以对摄像头等视频捕获设备进行串流，在"捕获设备"下的"捕获模式"，选"DirectShow"就能选择摄像头及音频设备，其他步骤与对电脑桌面串流的操作相同。

图 4-1-17

4.2 音视频百宝囊 FFmpeg

按照官方网站的说法，FFmpeg 是一个开放源代码的跨平台的音视频解决方案，可以录制、转换和编码音视频流。实际上，它可以做非常多的事，例如音频视频转码、图片格式转换、音视频录制与剪辑、直播推流、音视频播放等。

FFmpeg 包含了"ffmpeg""ffplay""ffprobe"等 3 个程序（功能分别为编码、播放、提取媒体信息）。早期的版本还包括"ffserver"，这个程序是做流媒体服务的，在 2016 年 7 月被废除了。接下来介绍 FFmpeg 的下载安装和应用范例。

4.2.1 FFmpeg 的下载和安装

从官方网站下载 FFmpeg，建议下载"Static"版本，它把所有动态链接库编译到独立的一个文件里，使用起来很方便。将下载的压缩包解压，可以解压到程序目录中，如"C:\Program Files\ffmpeg-4.1.1-win64-static"（图 4-2-1）。

子目录 bin 里包含了 FFmpeg 的几个程序，打开 Windows 的 cmd 命令提示符窗口，在窗口中输入如下命令（注意，因为目录名有空格，所以命令前后需要加上双引号）：

```
"C:\Program Files\ffmpeg-4.1.1-win64-static\bin\ffmpeg"
```

上述命令没有任何参数，所以显示的是 ffmpeg.exe 的版本信息（图 4-2-2）。

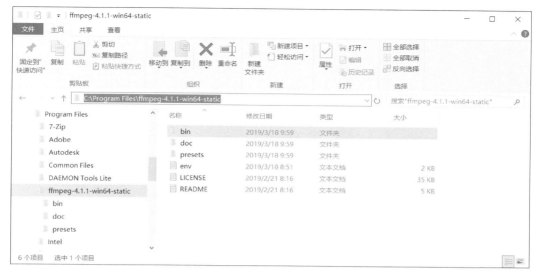

图 4-2-1

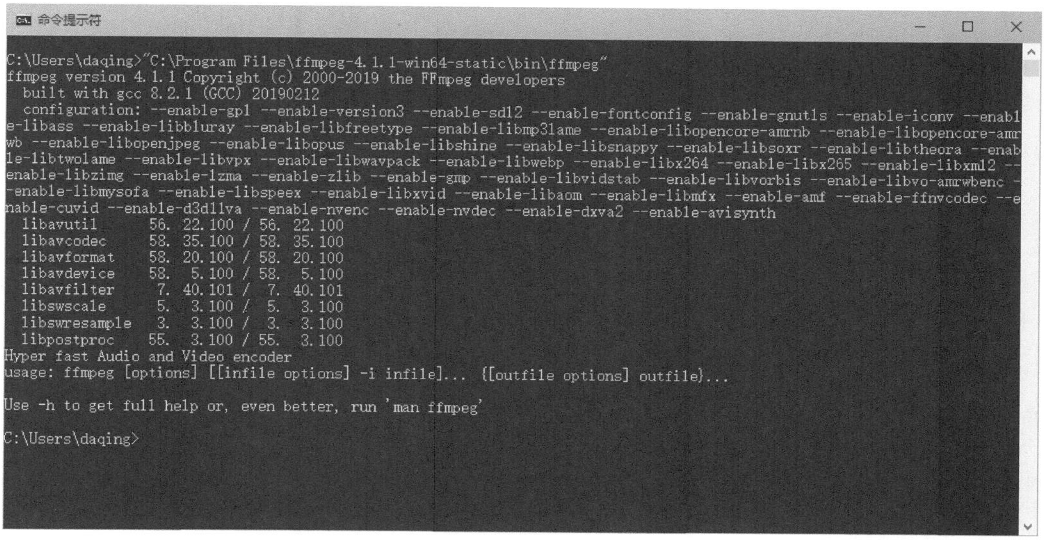

图 4-2-2

下面我们给 ffmpeg.exe 添加一个路径的环境变量，这样做可以不再需要输入很长的路径。

打开电脑"控制面板→系统和安全→系统"，单击"高级系统设置"（图 4-2-3 方框 1 标识），打开"系统属性"窗口，单击"高级"选项卡（图 4-2-3 方框 2 标识），单击【环境变量（N）...】按钮（图 4-2-3 方框 3 标识），出现"环境变量"设置窗口，在下方"系统变量"列表中选中"Path"（图 4-2-3 方框 4 标识），单击【编辑（I）...】按钮（图 4-2-3 方框 5 标识）。

这里 Windows 7 与 Windows 10 的操作有所不同，在 Windows 10 中，单击【新建（N）】按钮，就可以添加一个值，然后填写之前解压的目录全路径：

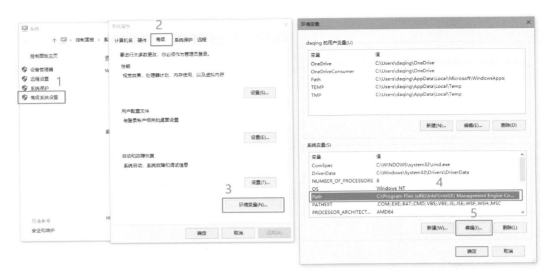

图 4-2-3

```
C:\Program Files\ffmpeg-4.1.1-win64-static\bin
```

接着单击【确定】按钮（图 4-2-4）。

图 4-2-4

　　而在 Windows 7 的"编辑系统变量"窗口中，所有变量值排在一行，每个值用半角分号";"隔开，我们需要在原值后面加上半角分号";"，再把"C:\Program Files\ffmpeg-4.1.1-win64-static\bin"粘贴到分号后面，切记别删改原来的值，以防影响其他程序（图 4-2-5）。

图 4-2-5

单击【确定】按钮退出后，打开命令提示符窗口，只需要输入 **ffmpeg** 就能运行了（图 4-2-6）。

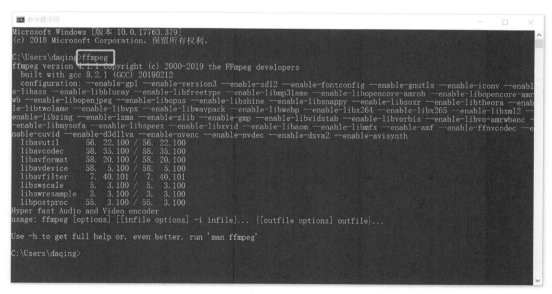

图 4-2-6

4.2.2　FFmpeg 应用范例

FFmpeg 的参数用法繁杂，下面仅介绍几个常用的例子。

1. 视频转码为MP4格式

MP4 是当前的主流视频格式，使用 FFmpeg 可以很方便地将各类视频文件转码为 MP4。基本命令格式如下：

```
ffmpeg -i input.avi out.mp4
```

上述命令中，输入的文件为 input.avi，转码输出为 out.mp4，由于 ffmpeg 命令没有加任何参数，因此将使用默认参数。

下面的命令将输出尺寸缩放为 640×360，视频编码为 h264，音频编码为 aac，视频与音频码率分别为 500Kbit/s 和 64Kbit/s：

```
ffmpeg -i input.avi -s 640x360 -vcodec h264 -acodec aac -b:v 500k -b:a 64k demo.mp4
```

2. 使用批处理运行FFmpeg

打开 Windows 命令提示符窗口，再输入 ffmpeg 命令显得很不方便。建议将 ffmpeg 命令编辑并保存为批处理文件（.bat 文件），然后双击批处理文件即可运行。在"转码 .bat"文件中，可以在命令最后加一行"pause"，意思是"暂停"，这有助于在命令行出错时看清错误提示（图 4-2-7）。

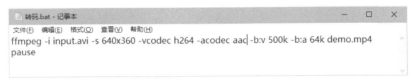

图 4-2-7

为改善使用体验，对 ffmpeg 转码命令进行改进，内容见代码清单 4-2-1。

```
代码清单4-2-1  视频转码为MP4.bat
1  set size=1280x720
2  set vbit=1000k
3  set abit=128k
4  set filename=%~dpn1
5  set ext=%~x1
6  ffmpeg -i "%filename%%ext%" -s %size% -vcodec h264 -acodec aac -b:v %vbit% -b:a
   %abit% -y "%filename%_%size%_%vbit%_%abit%.mp4"
7  pause
```

代码清单中，"-y"参数表示如果目标文件存在，将强制覆盖；如果去掉这个参数，运行时则会提示"按 y/n 键确认或取消"。

"set filename =%~dpn1"（最后字符为数字 1）表示自动获取被拖放的完整路径文件名。

"set ext=%~x1"（最后字符为数字 1）表示自动获取被拖放的文件扩展名。

第 1、2、3 行"set xx="后面的参数可自行修改，分别用来改变输出的分辨率、视频码率和音频码率。

第 6 行的内容不要折行，除了"-y"参数，其他参数都不要修改。输出文件名将在源文件名中间插入大小、码率等信息，以示区别。

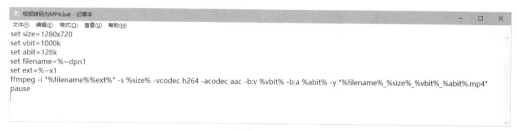

图 4-2-8

将批处理文件保存为"视频转码为 MP4.bat"（图 4-2-8），将视频文件拖到这个批处理文件上，就自动开始转码。

3. 音频转码为 MP3 格式

音频转码与视频转码命令差不多，下面的命令是将 wav 格式转为 MP3 格式：

```
ffmpeg -i input.wav out.mp3
```

下面的命令添加了码率控制，输出为 128Kbit/s 的 MP3 格式：

```
ffmpeg -i input.wav -b:a 128k out.mp3
```

同样，也可以将一个批处理文件保存为"音频转码为 MP3.bat"，该批处理文件的内容见代码清单 4-2-2。将音频文件拖到它上面即可转码。

代码清单4-2-2 音频转码为**MP3.bat**

```
1  set abit=128k
2  set filename=%~dpn1
3  set ext=%~x1
4  ffmpeg -i "%filename%%ext%" -b:a %abit% -y "%filename%_%abit%.mp3"
5  pause
```

4. 截取视频片段

把代码清单 4-2-3 保存为"截取视频片段 .bat"，将视频拖上去就可以截取片段。参数含义如下：

"set start=5"表示从第 5 秒开始截取；"set lenth=10"表示截取的长度为 10 秒。

时间格式也可写为"时 : 分 : 秒"，如"set start=00:12:05"，表示从 0 时 12 分 05 秒开始，"set lenth=00:05:00"表示截取的长度为 5 分钟整。

代码清单4-2-3 截取视频片段**.bat**

```
1  set start=5
2  set lenth=10
3  set filename=%~dpn1
4  set ext=%~x1
5  ffmpeg -ss %start% -t %lenth% -i "%filename%%ext%" -vcodec copy -acodec copy
   "%filename%_%start%_%lenth%%ext%"
6  pause
```

> **提示**
>
> 　　由于 MPEG 编码的 GOP（Group Of Picture）特性，截取视频的时间点以内部编码帧 I 帧为准，与期望的时间点可能会有几秒的差异，这属于正常现象。若要精确，则需要使用专业的非线性视频编辑软件。

5. 截取视频片段转 GIF 动图

GIF 动图虽然文件格式古老，但依然广受欢迎。把代码清单 4-2-4 保存为"截取视频片段转 GIF.bat"，将视频拖上去就可以将视频片段转为 GIF 动图了，十分方便。参数含义如下：

"set start=5"表示从第 60 秒开始截取；

"set lenth=10"表示截取的长度为 4 秒；

"set rate=25"表示 GIF 帧率为 25fps；

"set size=640x360"表示输出的图像尺寸为 640×360，如果去掉这一行和第 7 行的"-s %size%"，则 GIF 尺寸将按视频大小输出。

代码清单4-2-4　截取视频片段转GIF.bat

```
1  set size=640x360
2  set start=5
3  set lenth=10
4  set rate=25
5  set filename=%~dpn1
6  set ext=%~x1
7  ffmpeg -ss %start% -t %lenth% -i "%filename%%ext%" -r %rate% -s %size%
   "%filename%_%start%_%lenth%.gif"
8  pause
```

6. 视频截图为 JPG 格式

将代码清单 4-2-5 保存为"视频截图为 JPG.bat"，将视频拖到这个脚本上就生成一个截图，"set time=5"表示截取的位置是第 5 秒。

代码清单4-2-5　视频截图为JPG.bat

```
1  set time=5
2  set filename=%~dpn1
3  set ext=%~x1
4  ffmpeg -ss %time% -i "%filename%%ext%" -frames:v 1 -y "%filename%_%time%.jpg"
5  pause
```

修改一下脚本（代码清单 4-2-6），并将文件保存为"视频截图缩放 JPG.bat"，使输出的截图尺寸为 640×360。

代码清单4-2-6　视频截图缩放JPG.bat

```
1  set size=640x360
2  set time=5
```

```
3   set filename=%~dpn1
4   set ext=%~x1
5   ffmpeg -ss %time% -i "%filename%%ext%" -s %size% -frames:v 1 -y "%filename%_
    %size%_%time%.jpg"
6   pause
```

7.　FLV 格式重新封装为 MP4 格式

3.2.5 小节介绍了 OBS 可以将 FLV 格式封装为 MP4 格式，如果用下列命令：

```
ffmpeg -i input.flv out.mp4
```

会将 FLV 格式重新编码压缩为 MP4 格式，不仅时间慢，还会造成画质损失。正确的命令是：

```
ffmpeg -i input.flv -vcodec copy -acodec copy out.mp4
```

其中，"-vcodec copy" 和 "-acodec copy" 的意思是将视频流和音频流进行复制而不是编码压缩，这个处理速度非常快，而且画质没有损失。

把代码清单 4-2-7 保存为 "FLV 重新封装为 MP4.bat"，将 FLV 文件拖到这个批处理文件上即可完成封装。

代码清单4-2-7　**FLV重新封装为MP4.bat**
```
1   set filename=%~dpn1
2   set ext=%~x1
3   ffmpeg -i "%filename%%ext%" -vcodec copy -acodec copy "%filename%.mp4"
4   pause
```

8.　屏幕捕获

使用下列命令可以捕获电脑桌面并保存为 MP4 文件：

```
ffmpeg -f gdigrab -framerate 15 -i desktop -vcodec h264 -b:v 3000k demo.mp4
```

此命令中各参数的含义如下：

"-f gdigrab" 用于设置捕获桌面；

"-framerate 15" 表示帧率设置为 15fps；

"-vcodec h264" 表示视频编码设置为 H.264；

"-b:v 3000k" 表示视频码率设置为 3000Kbit/s。

将屏幕捕获命令改进一下，改进后的内容见代码清单 4-2-8，将文件保存为 "屏幕桌面捕获 .bat"，双击这个批处理文件就可以捕获桌面了。该文件保存在 "我的电脑" 的 "视频" 文件夹中，文件名按时间命名，不会重复。

代码清单4-2-8　屏幕桌面捕获**.bat**
```
1   set file=%date:~0,4%%date:~5,2%%date:~8,2%_%time:~0,2%%time:~3,2%%time:~6,2%
2   set dir=%userprofile%\Videos
3   ffmpeg -f gdigrab -framerate 15 -i desktop -vcodec h264 -b:v 3000k
    "%dir%\%file%.mp4"
4   pause
```

9. 用 ffplay 播放视频文件

ffplay 是一个命令行视频播放程序。例如一个视频文件名为"片头 .mp4"，输入如下命令：

```
ffplay 片头.mp4
```

会出现 2 个窗口，一个是 ffplay 的运行窗口，该窗口显示该视频文件的一些信息（图 4-2-9）。

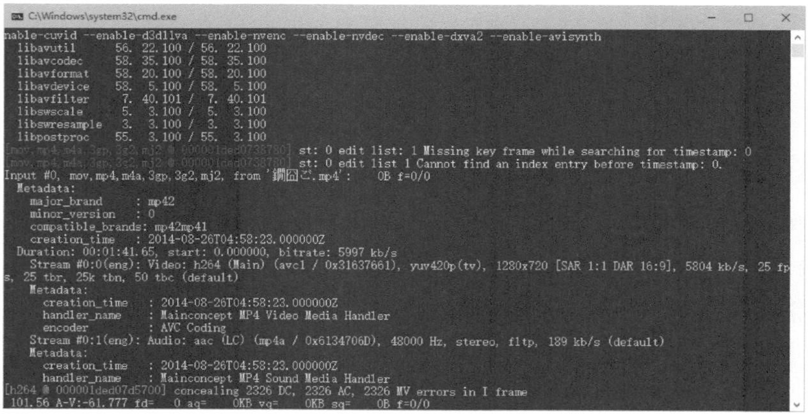

图 4-2-9

另一个窗口则显示视频（图 4-2-10）。

图 4-2-10

可以在上面的命令中加上参数来直接指定视频窗口的尺寸，"-x 640 -y 360"表示视频窗口的尺寸为 640×360，新的命令如下：

```
ffplay -x 640 -y 360 片头.mp4
```

同样，将代码清单 4-2-9 保存为"拖入 FFPLAY 播放 .bat"，然后将视频文件拖到此脚本上就开始播放了。

代码清单4-2-9   拖入FFPLAY播放.bat

```
1  set input=%1
2  ffplay -x 640 -y 360 %input%
3  pause
```

10. 用 ffplay 播放流媒体

ffplay 也可以播放流媒体，比如，使用下列命令可以播放 RTMP 地址：

```
ffplay rtmp://192.168.0.10/live/livestream
```

由于视频播放缓存的原因，通常大约有 3 ～ 5 秒的延时，如果加上参数 "-fflags nobuffer"，可将视频延时降低到 1 秒左右：

```
ffplay -fflags nobuffer rtmp://192.168.0.10/live/livestream
```

11. 定时录制视频流

FFmpeg 软件可以将视频流录制并存为视频文件，命令如下：

```
ffmpeg -i rtmp://192.168.0.10/live/livestream -vcodec copy -acodec copy -f flv -y demo.flv
```

上述命令的参数 -i 后面紧跟的是直播流地址，-vcodec 和 -acodec 参数后面的 copy 表示视频流和音频流按原编码复制，demo.flv 表示输出的文件名。

若要定时录制，就需要在规定时间开始录制，然后在规定时间停止录制。实现的思路是首先分别创建录制和停止录制的批处理文件，然后用 Windows 的计划任务定时运行它们。

（1）录制视频批处理文件

将代码清单 4-2-10 保存为 "AutoRecord.bat"。

代码清单4-2-10   AutoRecord.bat

```
1  set input=rtmp://192.168.0.10/live/livestream
2  set dir=%userprofile%\Videos
3  set file=%date:~0,4%%date:~5,2%%date:~8,2%_%time:~0,2%%time:~3,2%%time:~6,2%
4  ffmpeg -i "%input%" -vcodec copy -acodec copy -f flv -y "%dir%\%file%.flv"
5  pause
```

代码清单 4-2-10 中各参数含义如下：

第 1 行 set input 用来设置视频流地址，可根据实际情况进行修改；

第 2 行 set dir 用来设置视频文件保存目录，可根据实际情况进行修改；

第 3 行 set file 将时间变量格式化为类似 "20180623_190000" 的字串，这样文件名可以保证唯一而且不会被覆盖，此行不需要修改；

第 4 行的命令将视频流录制为 "flv" 格式，并保存在第 2 行命令设置的文件夹中，此行内容不要修改；

第 5 行的暂停命令可以在程序出错时调试用，可以删除。

注意

录制的文件格式必须是"flv"，否则下面的停止录制批处理文件中的 taskkill 命令终止 ffmpeg 的运行后，录制的视频文件将不能使用。如果希望得到"MP4"格式，可参阅前文介绍的用 ffmpeg 命令将 FLV 格式重新封装为 MP4 格式。

（2）停止录制批处理文件

将代码清单 4-2-11 保存为"Stop.bat"。

代码清单4-2-11　Stop.bat

```
1  taskkill /f /im cmd.exe /t
2  pause
```

代码清单中的 taskkill 命令强行终止 cmd.exe 的运行，连带终止 cmd.exe 的子进程 ffmpeg。为什么不用 taskkill 直接终止 ffmpeg 呢？因为如果这样做的话，ffmpeg 的父进程 cmd.exe 将始终留在内存，如果定时录制操作多了，遗留的 cmd.exe 进程会越来越多。

（3）创建定时录制计划任务

右键单击"我的电脑"图标，在弹出菜单上选"计算机管理"，或单击 Windows 开始菜单，进入"Windows 管理工具 / 计算机管理"（图 4-2-11）。

图 4-2-11

单击"系统工具"下面的"任务计划程序"，在界面最右侧，单击"创建基本任务 ..."，弹出向导窗口（图 4-2-12）。

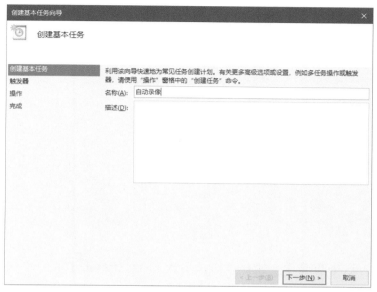

图 4-2-12

然后按照提示填写"名称"，单击【下一步（N）】按钮，选择"触发器"，有"每天""一次"等多个选项（图 4-2-13），这里选择"一次"，再单击【下一步（N）】按钮。

图 4-2-13

根据实际情况选择开始的日期、时间，然后继续单击【下一步（N）】按钮（图 4-2-14）。

图 4-2-14

在"操作"这个步骤中，选择"启动程序"，继续单击【下一步（<u>N</u>）】按钮（图 4-2-15）。

图 4-2-15

在"程序或脚本（<u>P</u>）"栏，浏览找到之前做好的录制视频批处理文件"AutoRecord.bat"，单击【下一步（<u>N</u>）】按钮继续（图 4-2-16）。最后单击【完成（<u>F</u>）】按钮（图 4-2-17）。

这样自动录制视频的批处理文件将在规定时间启动。

（4）创建定时停止计划任务

创建定时停止计划任务的方法与（3）类似，只是将"程序或脚本（<u>P</u>）"栏的内容选为"Stop.bat"。

图 4-2-16

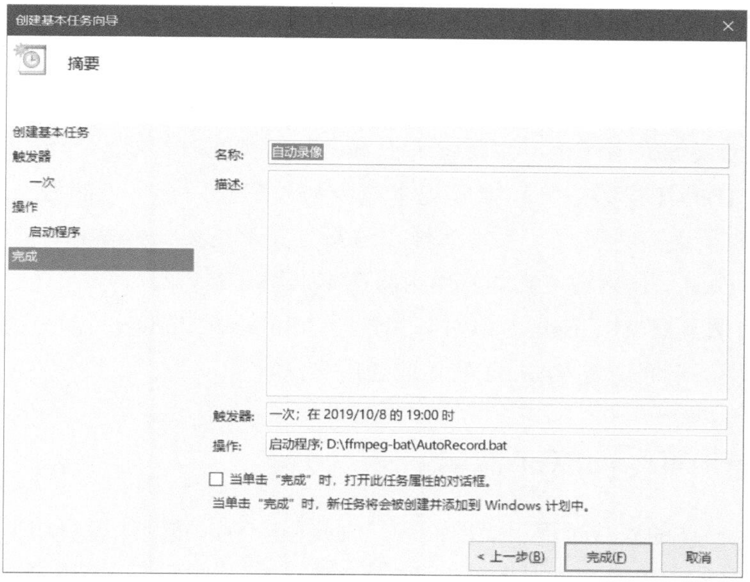

图 4-2-17

经过上述操作，就实现了视频文件的自动录制和自动停止。

12. 定时文件直播

电视台的有些节目虽然看起来是直播的，但很多内容是提前录制好的，网络直播也可以这样做。将代码清单 4-2-12 保存为"文件直播 .bat"，然后设置计划任务，即可定时直播。

	代码清单4-2-12　文件直播 `.bat`
1	`set file="d:\直播文件\视频课件.mp4"`
2	`set rtmp=rtmp://192.168.0.10/live/livestream`
3	`set size=960x540`
4	`set vbit=500k`
5	`set abit=64k`
6	`ffmpeg -re -i %file% -s %size% -c:v h264 -c:a aac -b:v %vbit% -b:a %abit% -f flv -y "%rtmp%"`
7	`pause`

代码清单 4-2-12 中各参数的含义如下：

第 1 行设置视频文件的路径；

第 2 行设置 rtmp 目标推流地址；

第 3 行设置视频的分辨率大小；

第 4、5 行分别设置视频和音频的码率。

此脚本在推送完视频后，会自动停止。

4.3　好用的远程桌面 Radmin

Radmin 是一个远程桌面软件，它特别适合在局域网内使用，传输速率高，画质好。同类软件如 TeamViewer 和 Anydesk 需要连接互联网才能使用，另一个开源的 VNC 产品的屏幕刷新速度与效果都不太理想。

在教学、会议等很多场合，需要将笔记本电脑的桌面进行投影，一般做法是使用又粗又硬又长的 HDMI 视频线来连接笔记本电脑与投影仪，好一点的做法是使用专用的无线发射 / 接收器连接投影仪。不管怎样，这些方案都需要一些器材，不够便利。使用 Radmin 就可以摆脱上述束缚，它的妙用也将在本书第 6 章体现。

Radmin 有服务器（Radmin Server）和查看（Radmin Viewer）两个程序，可在其官方网站下载试用，下面讲述 Radmin 软件的使用方法。

4.3.1　Radmin Server 安装设置

Radmin Server 的安装过程很简单，运行安装程序后，按默认设置单击【下一步】按钮即可完成。安装完毕后，单击【完成（F）】按钮进行权限配置（图 4-3-1）。

首先，在弹出的"Radmin 服务器设置"窗口中，单击【使用权限 …】按钮（图 4-3-2）。

然后，在"添加 Radmin 用户"窗口，输入用户名和密码（图 4-3-3）。

接下来，在"Radmin 安全性"窗口，勾选允许的权限，建议全部选择，单击【确定】按钮即完成服务器端设置，然后重启电脑备用（图 4-3-4）。

图 4-3-1

图 4-3-2

图 4-3-3

图 4-3-4

4.3.2　Radmin Viewer 安装设置

安装 Radmin Viewer 的方法同样简单，仍然是单击【下一步】按钮，具体安装过程略。安装完毕运行 Radmin Viewer 后单击 图标增加连接（图 4-3-5）。

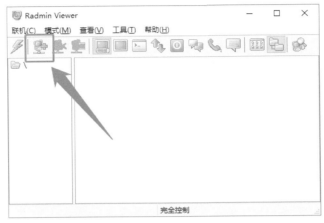

图 4-3-5

在弹出的窗口中输入服务器端的电脑 IP 地址，单击【确定】按钮（图 4-3-6）。

这样就创建了一个连接。双击此连接图标，弹出窗口，输入用户名和密码，单击【确定】按钮（图 4-3-7）。

图 4-3-6

图 4-3-7

于是就打开了远程桌面窗口，由于之前我们在服务器端选择了全部权限（参见图 4-3-4），因此这时就可以对远程电脑进行操作了。

但是，如果有用户正在远程电脑上进行演讲，此刻的操作会严重干扰演讲者，此时就需要使用查看模式。右键单击已经创建的连接图标，在弹出菜单中选"仅限查看（V）"（图 4-3-8）打开连接窗口，此时登录出现的远程桌面就只能查看而不能操作了。

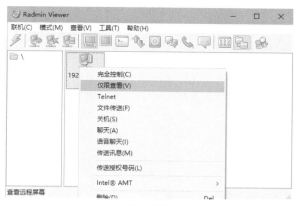

图 4-3-8

不过，最好的方法是直接在桌面创建一个仅限查看的快捷方式。在已有的连接图标上，右键单击，然后在弹出的菜单中选择"在桌面上建立快捷方式（O）→仅限查看（V）"（图 4-3-9）。

图 4-3-9

这样桌面上就会出现"xxx 仅限查看"字样的图标（图 4-3-10）。
双击此图标运行后，输入用户名和密码，单击【确定】按钮（图 4-3-11）。

图 4-3-10

图 4-3-11

这样就只能看远程桌面，而不会干扰远程电脑的操作（图 4-3-12）。

图 4-3-12

4.3.3 Radmin 的 4 种查看模式

在 Radmin Viewer 窗口，用鼠标右键单击左上角，弹出菜单，从菜单中可选择如下 4 项以切换到不同的显示模式：

- **正常**：远程桌面显示在窗口中。
- **扩展**：远程桌面在窗口中，可随窗口缩放。
- **全屏幕**：窗口最大化，远程桌面在其中按原始像素显示，比如当前显示器分辨率为 1920×1080，远程桌面分辨率为 1024×768，选择此选项后，远程桌面不能充满画面，周围有黑框，如图 4-3-13 左边图所示。反之，如果远程桌面分辨率大于当前显示器分辨率，则画面显示不完整。

图 4-3-13

- **扩展为全屏幕**：远程桌面按照当前显示器分辨率拉伸充满整个画面，如图 4-3-13 右边图所示。按 F12 键可轮流切换这几种显示模式，如果按 F12 键没有效果，试试 Alt+F12 或 Ctrl+F12。

默认连接的远程桌面看上去色阶比较明显，这是因为 Radmin 为了降低传输的数据量，使用了 "16 位" 色深，故在连接后，远程桌面会显示 "配色方案已更改为 Windows 7 Basic"。如果网速足够稳定，可进入选项设置，将 "颜色格式" 选为 "24 位"（图 4-3-14）。

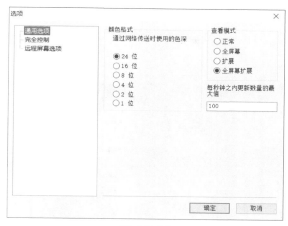

图 4-3-14

当 Radmin Viewer 的查看模式为"扩展为全屏幕"时，如果将此电脑的桌面连接到投影仪，那么投影仪上显示的就是远程电脑（如笔记本电脑）的桌面了，从而可实现笔记本电脑另类无线投屏方式。

4.3.4　全屏显示的注意事项

在 Radmin Viewer 全屏显示时，会显示下面这个工具栏，它也时刻提醒我们目前显示的桌面是远程电脑的桌面（图 4-3-15）。

图 4-3-15

如果不想让它显示，可以单击选项窗口的"远程屏幕选项"，去掉"显示工具栏"前面的钩（图 4-3-16），再单击【确定】按钮即可。

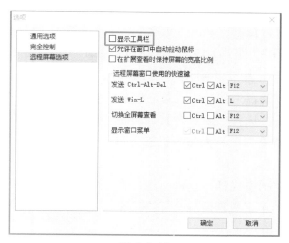

图 4-3-16

但是此时显示器显示的是远程桌面，如果想回到自己的本地电脑桌面，按 F12 切换模式，或者按快捷键"Ctrl+F12"，或者按快捷键"Alt+F12"，调出 Radmin 的菜单（图4-3-17）。

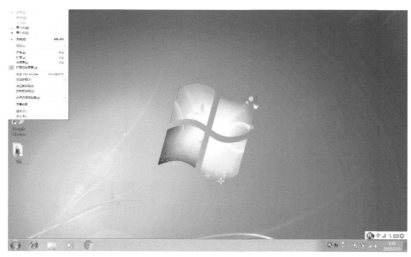

图 4-3-17

注意

当远程桌面全屏显示后，有时就像进入了"盗梦空间"而回不了"现实"。请一定记住"F12""Ctrl+F12""Alt+F12"这几个快捷键，关键时刻它们会帮你脱困。

4.3.5 Radmin 如何传输声音

Radmin 没有将声音与视频同时传输，但我们有办法获取远程电脑的声音。首先，在远程电脑上，右键单击任务栏小喇叭图标，在弹出菜单中单击"录音设备（R）"（对于Windows 10 系统，右键单击小喇叭，在弹出菜单中单击"声音（S）"），如图 4-3-18 所示。

然后在"声音"设置窗口，单击"录制"标签，在空白处右键单击，在弹出菜单中单击"显示禁用的设备"（图 4-3-19 左），这时会显示"立体声混音"设备，然后右键单击该设备，弹出菜单，单击"启用"（图 4-3-19 中），于是"立体声混音"被启用。再右键单击"立体声混音"设备，选择"设置为默认设备（D）"，这时"立体声混音"显示为勾选状态（图4-3-19 右）。

接下来，用完全控制模式打开远程桌面，在Radmin Viewer 工具栏单击电话图标，开启一个语音聊天窗口（图 4-3-20）。

图 4-3-18

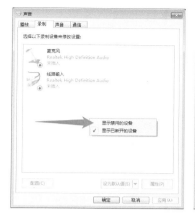

图 4-3-19

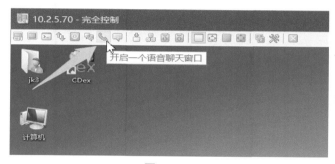

图 4-3-20

这时，远程电脑桌面上出现了"语音聊天服务器"窗口（图 4-3-21 左），本机也同时出现一个"语音聊天"窗口（图 4-3-21 右）。

图 4-3-21

在远程电脑桌面的"语音聊天服务器"窗口单击话筒图标，使它启用（图 4-3-21 左），此时如果远程电脑播放了声音，那么声音就可以通过语音聊天的方式传输到查看端了。图 4-3-21 右边的查看端的"语音聊天"窗口什么都不需要设置。

　　将"语音聊天服务器"窗口最小化,它就缩小为任务栏图标了(图 4-3-22),这样就不会影响其他操作了。单击该图标可以重新恢复语音聊天窗口。同样,查看端的聊天窗口也最好最小化。

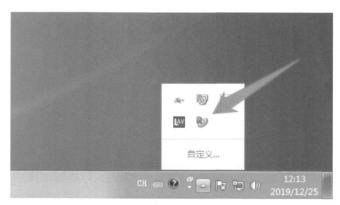

图 4-3-22

第**5**章

直播网站建设实战

如果把视频比作商品，那么前面我们已经介绍了商品打包发货、流通运输及分发派送的环节，接下来就要将商品整理上架到购物平台上展示，供消费者选购。本章所要做的就是建设直播网站，作为视频的展示平台。

直播网站建设包括服务器环境搭建和网站程序部署两个步骤，前一个步骤可以使用现有的成熟开源软件，比较容易完成，而后一个步骤则要按照实际需求有针对性地编写开发，是网站建设的重点。本书提供 5 个循序渐进的示范程序，并简单介绍主要功能的编程思路，供读者朋友们建站参考。

5.1 服务器环境搭建

服务器需要安装操作系统和 Web 运行环境（Apache、PHP、MariaDB）及 SRS 流媒体服务软件，下面简要介绍安装步骤。

5.1.1 安装操作系统

在第 2 章已经详细介绍了 CentOS 6 的安装步骤，因为该版本的支持周期即将结束，故建议使用较新的 CentOS 7，以获得较长时间的升级更新支持。

CentOS 7 的安装步骤与 CentOS 6 的差不多，安装时请注意 3 个设置，如图 5-1-1 所示。

1. 日期和时间

单击"日期和时间"进入相应窗口后，选择"简体中文（中国）"，这样时区就自动设为了"亚洲 / 上海"，如果时区选择得不合适，会影响系统时间的准确性。

2. 网络和主机名

单击"网络和主机名"进入相应窗口后，设置好服务器的 IP 地址等网络参数。如果不在此处设置，可能需要在安装结束后手动配置网络才能上网。如果连不上网，后面将无法使用 yum 命令进行安装。

3. 软件选择

建议"软件选择"为"最小安装"，这样仅安装需要的软件，让服务器跑得更轻快。

图 5-1-1

5.1.2 安装 Apache HTTP

登录或切换到 root 用户，输入如下命令就能安装 httpd（参数"-y"表示不需要提问确认）：

```
yum -y install httpd
```

5.1.3 安装 PHP

建议选择 PHP 7 版本，而 CentOS 7 的软件库只有 PHP5.X，故需要先运行以下 2 个命令，以设置包含 PHP 7 的 yum 源：

```
rpm -Uvh https://dl.fedoraproject.org/pub/epel/epel-release-latest-7.noarch.rpm
rpm -Uvh https://mirror.webtatic.com/yum/el7/webtatic-release.rpm
```

然后就能使用 yum 命令安装 PHP 7 以及 GD 图形库、多字节支持扩展和 MySQL 数据库驱动扩展：

```
yum -y install php72w php72w-common php72w-gd php72w-mbstring php72w-mysqlnd
```

上述安装过程都成功后，使用如下命令使 Apache 随系统开机而自动启动：

```
systemctl enable httpd
```

如果要手动启动 httpd，使用如下命令：

```
systemctl start httpd
```

停止 httpd 的命令如下：

```
systemctl stop httpd
```

重新启动 httpd 的命令如下：

```
systemctl restart httpd
```

在开发 PHP 程序时，免不了需要不断调试，因此需要查看程序出错的信息。使用 vi 命令打开 /etc/php.ini 配置文件：

```
vi /etc/php.ini
```

然后找到"display_errors = Off"，将其改为"display_errors = On"，这样程序的错误就能在页面显示了。

> **注意**
>
> 如果程序正式上线运行，还是应该设置为"display_errors = Off"，以避免在程序出错时，暴露程序与服务器的有关细节，减少被攻击的可能。

5.1.4 安装 MariaDB

现在开源社区已经用 MariaDB 数据库取代 MySQL 了，它们之间是兼容的。由于 CentOS 程序库的 MariaDB 版本较低，这里将从 MariaDB 官网安装比较新的版本。首先使用 vi 命令创建一个 MariaDB 仓库文件 MariaDB.repo：

```
vi /etc/yum.repos.d/MariaDB.repo
```

然后输入代码清单 5-1-1 的内容并保存退出（此内容可在官网上获取最新版）。

代码清单5-1-1 `MariaDB.repo`

```
1  # MariaDB 10.3 CentOS repository list - created 2018-12-26 07:39 UTC
2  # http://downloads.mariadb.org/mariadb/repositories/
3  [mariadb]
4  name = MariaDB
5  baseurl = http://yum.mariadb.org/10.3/centos7-amd64
6  gpgkey = https://yum.mariadb.org/RPM-GPG-KEY-MariaDB
7  gpgcheck = 1
```

最后使用如下命令安装 mariadb10.x：

```
yum -y install MariaDB-server MariaDB-client
```

如果下载速度比较慢，可尝试将仓库文件 MariaDB.repo 中的 baseurl 和 pgpkey 地址换成国内镜像地址，如：

```
baseurl = http://mirrors.ustc.edu.cn/mariadb/yum/10.3/centos7-amd64/
gpgkey = http://mirrors.ustc.edu.cn/mariadb/yum/RPM-GPG-KEY-MariaDB
```

安装完毕后，使用如下 2 条命令分别将 MariaDB 设置成自启动、现在启动

MariaDB：

```
systemctl enable mariadb
systemctl start mariadb
```

接下来必须设置一下 MariaDB 的连接密码，输入下列命令：

```
/usr/bin/mysql_secure_installation
```

会有如下提示：

```
NOTE: RUNNING ALL PARTS OF THIS SCRIPT IS RECOMMENDED FOR ALL MariaDB
      SERVERS IN PRODUCTION USE!  PLEASE READ EACH STEP CAREFULLY!

In order to log into MariaDB to secure it, we'll need the current
password for the root user.  If you've just installed MariaDB, and
you haven't set the root password yet, the password will be blank,
so you should just press enter here.

Enter current password for root (enter for none):
```

意思是要输入 root 密码，因为是初次安装，无密码，所以直接按【回车】键。接下来提示"是否设置 root 密码？"，按"Y"确定，然后输入新密码，并重复一次，系统提示"Success!"（成功）：

```
Set root password? [Y/n] y
New password:
Re-enter new password:
Password updated successfully!
Reloading privilege tables..
 ... Success!
```

这时会有 4 个提问，都是涉及安全的，按【回车】键接受默认设置即可。

```
Remove anonymous users? [Y/n]
Disallow root login remotely? [Y/n]
Remove test database and access to it? [Y/n]
Reload privilege tables now? [Y/n]
```

5.1.5 防火墙设置

默认安装的 CentOS 7 可能没有开放所需要的端口，因此需要输入下列 4 个命令：

```
firewall-cmd --add-service=http --permanent
firewall-cmd --add-port=8080/tcp --permanent
firewall-cmd --add-port=1935/tcp --permanent
firewall-cmd --reload
```

上述命令分别在防火墙中开放了 HTTP 服务端口（即 80 端口）、8080 端口（供 SRS 的 FLV、M3U8 使用）、1935 端口（视频推流入口）。

也可以直接编辑防火墙的配置文件：

```
vi /etc/firewalld/zones/public.xml
```

按代码清单 5-1-2 进行编辑并保存，然后重启防火墙：

代码清单5-1-2 `public.xml`

```xml
1  <?xml version="1.0" encoding="utf-8"?>
2  <zone>
3    <short>Public</short>
4    <description>For use in public areas. You do not trust the other computers
   on networks to not harm your computer. Only selected incoming connections are
   accepted.</description>
5    <service name="ssh"/>
6    <service name="dhcpv6-client"/>
7    <service name="http"/>
8    <port protocol="tcp" port="8080"/>
9    <port protocol="tcp" port="1935"/>
10 </zone>
```

以上配置文件的第 7、8、9 行就是刚才的 firewall-cmd 命令所添加的。

安装完毕后，可在 /var/www/html（默认的 Web 文件存放处）目录中，创建一个 index.php 文件测试一下，内容为：

```php
<?php phpinfo(); ?>
```

在浏览器中输入其地址，就可以看到 PHP 的版本信息了，如图 5-1-2 所示。

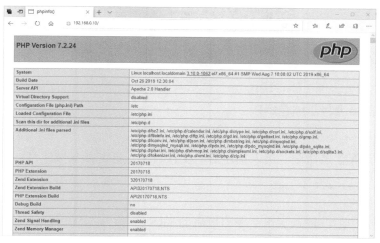

图 5-1-2

5.1.6 修改 SElinux 设置

最后，编辑 SElinux 的设置文件：

```
vi /etc/selinux/config
```

将下面这一行的内容：

```
SELINUX=enforcing
```

改为：

```
SELINUX= disabled
```

重启 Linux 后生效。

> **注意**
>
> SELinux 是一个增强安全访问控制的系统，一些程序如果不经过有效设置，运行的时候会被阻止。SELinux 的设置有些复杂，为了使下面的程序运行顺利，这里将其禁用。如果网站正式在公网上运行，建议设置好相关程序后，开启 SELinux。

5.1.7 安装 SRS

SRS 2.0 版本官方只有 CentOS 6 安装包，可以到 SRS 主页下载 SRS 3.0 CentOS 7 版本（本书截稿时尚处于测试版），或者使用笔者编译的 SRS 2.0 CentOS 7 版本的安装包，将此安装包上传到 CentOS 7 服务器（图 5-1-3）。

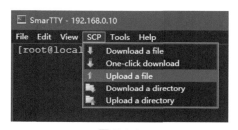

图 5-1-3

输入下面的命令将压缩包解压：

```
tar zxf SRS-CentOS7-x86_64-2.0.263_*.tar.gz
```

然后输入下面 2 条命令，进入解压后的文件目录，并开始安装：

```
cd SRS-CentOS7-x86_64-2.0.263
./INSTALL
```

SRS 安装完毕后，输入如下命令即可启动 SRS 服务：

```
/etc/init.d/srs start
```

至此，服务器环境已经安装就绪。

如果安装不成功，提示 "abort, please install lsb_release"，请输入如下命令先安装 lsb，然后再安装 SRS：

```
yum -y install lsb
```

5.2 DEMO1：简单的直播网站程序

DEMO1 是一个简单的直播网站程序，支持 PC、手机等多种终端的浏览器，可作为内网环境的简单直播平台，用于单位例会、讲座及偶尔的活动直播等。

5.2.1 服务器配置

因为 DEMO1 使用文本存储数据，所以服务器可以不安装 Maria DB。为了支持多终端，服务器需要提供多种直播协议。因此，需要对 SRS 的配置文件进行相应设置，以支持 RTMP、FLV 和 HLS。设置文件 /usr/local/srs/conf/srs.conf 的完整代码见代码清单 5-2-1。

代码清单5-2-1 `srs.conf`

```
 1  listen              1935;
 2  max_connections     1000;
 3  srs_log_tank        file;
 4  srs_log_file        ./objs/srs.log;
 5  http_api {
 6      enabled         on;
 7      listen          1985;
 8  }
 9  http_server {
10      enabled         on;
11      listen          8080;
12      dir             ./objs/nginx/html;
13  }
14  stats {
15      network         0;
16      disk            sda sdb xvda xvdb;
17  }
18  vhost __defaultVhost__ {
19      http_remux {
20          enabled     on;
21          mount       [vhost]/[app]/[stream].flv;
22          hstrs       on;
23      }
24      hls {
25          enabled         on;
26          hls_fragment    10;
27          hls_window      60;
28          hls_path        ./objs/nginx/html;
29          hls_m3u8_file   [app]/[stream].m3u8;
30          hls_ts_file     [app]/[stream]-[seq].ts;
31      }
32  }
```

在代码清单 5-2-1 的 vhost __defaultVhost__ {} 区块中，http_remux {} 部分用来支持 FLV 流的分发，hls {} 部分则用来提供 HLS 流，配置的含义可参阅 SRS 的示范文件 http.hls.conf 和 http.flv.live.conf。

输入如下命令重新启动 srs：

```
/etc/init.d/srs restart
```

5.2.2 程序安装与使用

将 DEMO1 的所有程序文件上传到服务器的 demo1 目录下，设置 data 目录具有可写入的权限，输入如下命令：

```
chmod 777 data
```

编辑白名单文件 setting/ip_list_allow.txt，将允许留言的 IP 段写在其中，见代码清单 5-2-2。

代码清单5-2-2　**ip_list_allow.txt**
1　#在下面输入允许留言的ip地址，前面加#号的行为注释内容
2　127.0.0.1
3　192.168.0.*

编辑配置文件 config.php，按代码提示修改 IP 和频道名称，见代码清单 5-2-3。

代码清单5-2-3　**config.php**
1　`<?php`
2　**date_default_timezone_set**('Asia/Shanghai');　// 定义时区
3　**const** ONLINE_TIME = 30; //定义计算在线人数的时间范围，单位分钟
4　**const** LIVE_RTMP = "192.168.0.10"; //直播流rtmp地址端口
5　**const** LIVE_M3U8 = "192.168.0.10:8080"; //直播流m3u8地址端口
6　**const** LIVE_FLV　= "192.168.0.10:8080"; //直播流flv地址端口
7　**const** LIVE_APP = "live"; //直播流stream app, 如live/xxxx
8　// 定义直播频道与rtmp流密钥，可任意添加
9　$channel[] = **array**("name"=>"周末大讲堂","stream"=>"livestream_1");
10　$channel[] = **array**("name"=>"经济管理系","stream"=>"livestream_2");
11　$channel[] = **array**("name"=>"工程系","stream"=>"livestream_3");
12　$channel[] = **array**("name"=>"外语系","stream"=>"livestream_4");

代码清单 5-2-3 中的参数说明如下：

- **date_default_timezone_set**：按网站所服务的地区设置，如面向国内用户，则设置为'Asia/Shanghai'（亚洲/上海）。
- **ONLINE_TIME**：用来计算在线人数，可根据需要自行修改。
- **LIVE_RTMP**、**LIVE_M3U8**、**LIVE_FLV**：IP地址需要根据自己的服务器IP进行修改，端口号保持不变。
- **LIVE_APP**：按默认值即可，不必修改。
- **$channel[]**：频道数组，可按格式替换修改为自己的名称与流密钥，其中"stream"=>"livestream_1"中的"livestream_1"就是OBS的"串流密钥"。

上述参数设置好后，就可以使用 DEMO1 了。

使用 OBS 推流时，不同频道的串流密钥按照频道名设置，如"周末大讲堂"的串流

密钥为 livestream_1，服务器为 rtmp://192.168.0.10/live/。其他频
道以此类推。

观看直播时，在浏览器中输入网址 http:// 192.168.0.10/
demo1 即可。

DEMO1 只有一个页面，如需切换频道，单击右上方的弹出
菜单，选择其他频道即可自动跳转（图 5-2-1）。

另外，在页面输入并发送姓名和留言，还可与他人实时
聊天。

图 5-2-1

5.2.3 功能与编程思路简介

DEMO1 程序使用 PHP、JavaScript 语言以及 Ajax 技术编写，下面简单介绍主要功能
与编程思路。

1. 终端自适应

如图 5-2-2 所示，左上方为在 PC 无 Flash 插件的播放器上播放的效果，左下方为已
经安装了 Flash 插件的浏览器播放的效果，右边为安卓手机播放的效果。从图中也可看
到聊天功能及页面在 PC 上与手机上的自适应效果。

图 5-2-2

当前，在不同的终端上观看直播需要使用不同的方法。DEMO1 在主程序 index.php 中，使用 JavaScript 程序检测是否安装了 Flash 插件，见代码清单 5-2-4。

代码清单5-2-4　index.php片段

```
1  var flashInstalled = (function(){
2      if(typeof window.ActiveXObject != "undefined"){
3          return new ActiveXObject("ShockwaveFlash.ShockwaveFlash");
4      } else {
5          return navigator.plugins['Shockwave Flash'];
6      }
7  })();
```

继续检测浏览器 agent 关键词，如果包含 "iphone" "ipod" "ipad" "android" 等，则判断所使用的终端为移动终端，设置 isMobile=true，见代码清单 5-2-5。

代码清单5-2-5　index.php片段

```
1  var agent = new Array("iphone", "ipod", "ipad", "android");
2  var browser = navigator.userAgent.toLowerCase();
3  var isMobile = false;
4  for (var i=0; i<agent.length; i++) {
5      if (browser.indexOf(agent[i])!=-1) {
6          isMobile = true;
7          break;
8      }
9  }
```

然后根据终端类型判断结果，调用不同播放器代码，见代码清单 5-2-6。

代码清单5-2-6　index.php片段

```
1  if (isMobile == true){ // 如果所使用的终端是移动终端
2      ****** // 调用hls播放代码
3  } else { // 如果所使用的终端是PC机
4      if (flashInstalled){ // 如果安装了flash则优先使用，音视频效果比flvjs稳定
5          ****** // 生成调用flash播放代码
6      } else { // 无flash插件
7          ****** // 调用flv播放器
8      }
9  }
```

在 index.php 页面中，下面的代码创建了 id="Player" 的播放器容器：

```
<div id="Player"></div>
```

根据判断结果，动态生成播放器代码 playcode，然后使用 document.getElementById 替换容器的 HTML 内容：

```
document.getElementById('Player').innerHTML = playcode;
```

（1）播放 RTMP 流的代码

播放 RTMP 流要使用 Flash 文件 StrobeMediaPlayback.swf，播放器 HTML 代码由

JavaScript 动态生成，见代码清单 5-2-7。

代码清单5-2-7　动态生成的RTMP播放器代码

```
1   <embed
2   flashvars="src=rtmp://192.168.0.10:1935/live/livestream_1&amp;streamType=live&amp;autoPlay=true&amp;controlBarAutoHide=true&amp;controlBarPosition=bottom"

3   width="100%" height="100%"
4   type="application/x-shockwave-flash"
5   src="image/StrobeMediaPlayback.swf"
6   quality="high"
7   allowfullscreen="true">
```

（2）播放 HLS 流的代码

HLS 流的地址指向一个 M3U8 索引文件，JavaScript 动态生成 HLS 播放器代码，如代码清单 5-2-8 所示。

代码清单5-2-8　动态生成的HLS播放器代码

```
<video  width="100%" autoplay controls autobuffer
type="application/vnd.apple.mpegurl"
src="http://192.168.0.10:8080/live/livestream_1.m3u8">
</video>
```

（3）播放 FLV 流的代码

在没有安装 Flash 插件的浏览器上，DEMO1 使用 flv.js 来播放 FLV 流。flv.js 是一个由 Bilibili 网站开源的播放 FLV 直播流的方案，关于它的介绍以及下载地址，请访问这里：https://github.com/Bilibili/flv.js

flv.js 的使用代码如代码清单 5-2-9 所示。

代码清单5-2-9　播放FLV流的代码

```
1    <script type="text/javascript" src="js/flv.min.js"></script>
2    <video id="videoElement" width="100%" autoplay controls ></video>
3    <script>
4    if (flvjs.isSupported()) {
5        var videoElement = document.getElementById("videoElement");
6        var flvPlayer = flvjs.createPlayer({
7            type: "flv",
8            isLive: true,
9            enableStashBuffer: true,
10           url: "http://192.168.0.10:8080/live/livestream_1.flv"
11       });
12       flvPlayer.attachMediaElement(videoElement);
13       flvPlayer.load();
14       flvPlayer.play();
15   }
16   </script>
```

"url"后面的内容用来指定 FLV 流地址,"isLive"为"true"表示此流为 FLV 实时流,而不是 FLV 文件。在网页中需要提供"<video id="videoElement" ></video>"的 Video 容器,此容器中将呈现视频画面。

（4）页面布局自适应

使用 CSS3 样式表实现不同分辨率的自适应布局。播放器窗口容器 id 为 VideoWindow,留言的窗口容器 id 为 ChatWindow,默认的 float 为 left,并且它们的总宽度不超过页面宽度,这样这两个窗口横向并列。当屏幕宽度小于 500px 时,其 float 值变为 none,于是就变成垂直排列了。样式表 index.css 文件中,自适应布局相关代码见代码清单 5-2-10。

```
代码清单5-2-10　index.css片段
1   #VideoWindow {width:64vw;height:36vw;float:left;}
2   #ChatWindow {width:calc(36vw - 20px);
3       height:36vw;float:left;
4       background-color:#eee;
5       overflow-y:scroll;
6       color:#000;}
7   /*自适应*/
8   @media screen and (max-width: 500px) {
9       #VideoWindow {width:100%;height:56.25vw;float:none;}
10      #ChatWindow {width:100%; height:60vw;float:none;}
11  }
```

2. 在网页上实时聊天

如果要在网页上聊天,用户可以在图 5-2-2 中"姓名"栏填写用户名,在"留言"栏填写留言,单击【发送】按钮即可看见发送的留言。自己发送的留言以蓝色标注,并显示在右侧,以示区别。

通常在网页上提交的信息需要刷新后才能看到。如果要达到"实时聊天"的效果,需要让页面自动刷新,使新信息能及时显示。早期的网页聊天室曾用不断刷新整个页面的方式来显示新信息,往往还没看完留言内容,页面又自动刷新重载,导致浏览器要空白停顿。

DEMO1 使用 Ajax 技术来实现实时聊天功能,它在后台查询数据,并仅刷新页面上的局部内容。

（1）提交留言

在 id="username" 和 id="subject" 的表单中输入姓名和留言内容,单击【发送】按钮,js/livechat.js 中的函数 submit_msg()（见代码清单 5-2-11）获取 subject 和 username 后,以 POST 方式提交给后台程序 ajax_save_msg.php 处理,一旦返回成功,且 result.state == "ok",则在页面显示"留言提交成功",然后运行函数 showMsgs() 刷新一次留言,并使用 setTimeout("autoCleanNotice()", 3000) 将留言停留 3 秒后清除。

代码清单5-2-11　`livechat.js片段`

```
1  function submit_msg(){
2      var subject = document.getElementById("subject").value;
3      var username = document.getElementById("username").value;
4      var xmlhttp;
5      xmlhttp = new XMLHttpRequest();
6      xmlhttp.onreadystatechange=function() {
7          if (xmlhttp.readyState==4 && xmlhttp.status==200) {
8              var result = eval('(' + xmlhttp.responseText + ')');
9              if (result.state == "ok"){
10                 document.getElementById("notice").innerHTML = "留言提交成功。";
11                 document.getElementById("subject").value = "";
12                 showMsgs();
13                 setTimeout("autoCleanNotice()", 1000);
14             } else {
15                 document.getElementById("notice").innerHTML = result.state;
16                 setTimeout("autoCleanNotice()", 3000);
17             }
18         }
19     }
20     var formdata = new FormData();
21     formdata.append("username", username);
22     formdata.append("subject", subject);
23     xmlhttp.open("POST","ajax/ajax_save_msg.php");
24     xmlhttp.send(formdata);
25 }
```

（2）保存数据

后台程序 ajax/ajax_save_msg.php 接收 submit_msg() 发来的 POST 信息，对用户 IP、提交的信息进行一系列判断确认无误后，留言以 serialize 函数序列化，用 file_put_contents 函数保存到文件中，文件以 session_id() 命名，以保证不会重复。保存成功后，设置 $result['state'] = "ok"，用 json_encode 函数输出 JSON 格式数据，相关代码如代码清单 5-2-12 所示。

代码清单5-2-12　`ajax_save_msg.php片段`

```
1  if (empty($result['state'])){
2      $dest_file = $dir . date("His",$data['time']) . "_" . session_id();
3      $content = serialize($data);
4      if (file_put_contents($dest_file, $content)){
5          $result['state'] = "ok";
6      } else {
7          $result['state'] = "文件写入错误: ".$dest_file;
8      }
9  }
10 exit(json_encode($result))
```

（3）展示留言

留言数据保存在"data/Ymd/msg"即当日的目录中，每个留言为独立的文本文件。ajax/ajax_show_msg.php 程序使用 glob() 函数查询当日的所有留言文件，然后使用 file_get_contents 读取文件内容，用 unserialize 还原留言，并用 foreach 输出所有留言的 HTML 代码。

js/livechat.js 中的函数 showMsgs()（见代码清单 5-2-13）从 ajax_show_msg.php 程序中获取留言内容，呈现在 id 为 MsgBox 的 div 容器中。

代码清单5-2-13　livechat.js片段

```
function showMsgs() {
    var xmlhttp = new XMLHttpRequest();
    xmlhttp.onreadystatechange=function() {
        if (xmlhttp.readyState==4 && xmlhttp.status==200) {
            var msg_list = document.getElementById("MsgBox");
            msg_list.innerHTML = xmlhttp.responseText;
            scrollMsg();
        }
    }
    xmlhttp.open("GET", "ajax/ajax_show_msg.php");
    xmlhttp.send();
}
```

如果留言数过多，超出 MsgBox 的 div 容器高度，最新的留言就会超出 div 的下边界而不可见，因此使用 scrollMsg()（见代码清单 5-2-14）将最下端的新留言抬升到 MsgBox 的底边，这样不用拖动垂直滚动条就可以看见最底部的留言。

代码清单5-2-14　livechat.js片段

```
function scrollMsg() {
    div = document.getElementById('MsgBox');
    div.scrollTop = div.scrollHeight;
}
```

（4）实时显示新留言

通过不断自动刷新显示新留言，达到"实时"的感觉。在主页文件中，给 body 标签增加一个 onload 事件 init()：

```
<body onload="init();">
```

这样首页加载后运行 init() 函数（代码清单 5-2-15），首先运行 showMsgs() 调出当前的留言，然后执行 setInterval("showMsgs()", 2000) 命令，每隔 2000（即 2 秒）运行一次 showMsgs()，达到定时刷新留言的目的。

代码清单5-2-15　livechat.js片段

```
function init() {
    showMsgs();
```

3	`    setInterval("showMsgs()",2000);`
4	`}`

3. 聊天用户白名单功能

为简单起见，DEMO1 程序没有用户管理功能，为防止不必要的干扰，设置了简单的白名单功能，当用户 IP 不在允许范围内时，是不能发言的（图 5-2-3）。

图 5-2-3

用户的 IP 从预定义变量 $_SERVER["REMOTE_ADDR"] 获得，使用函数 check_ip（代码清单 5-2-16）将用户 IP 与白名单文件中的 IP 进行比对，如果全部不符，则返回 0：

代码清单5-2-16　function.php片段

```php
1   function check_ip($ip,$file){
2       $n = 0;
3       if ($ip == "::1") return 1;
4       $a = explode(".",$ip);
5       $ip1 = "{$a[0]}.{$a[1]}.{$a[2]}.*";
6       $ip2 = "{$a[0]}.{$a[1]}.*.*";
7       $ip3 = "{$a[0]}.*.*.*";
8       $allow = explode("\n",file_get_contents($file));
9       foreach ($allow as $value){
10          $str = trim($value);
11          if (substr($str , 0, 1) !== "#"){
12              if ($str == $ip) $n++;
13              if ($str == $ip1) $n++;
14              if ($str == $ip2) $n++;
15              if ($str == $ip3) $n++;
16          }
17      }
18      return $n;
19  }
```

返回值为 0 说明白名单中不包含该 IP，不允许留言，见代码清单 5-2-17。

代码清单5-2-17　index.php片段

```php
1   $check = check_ip($_SERVER["REMOTE_ADDR"],"setting/ip_list_allow.txt");
2   if ($check == 0){
3       exit("您的ip地址受限制了。");
4   }
```

4. 切换直播频道

单击图 5-2-1 所示界面右上方的弹出菜单，可以选择并跳转到其他频道。

DEMO1 的直播频道数据存在于数组 $channel 中，内容为直播频道名称及流 ID，保存于 config.php 文件里。

index.php 中使用 foreach ($channel as $key=>$value) 将频道数组输出为选项菜单，见代码清单 5-2-18。

```
代码清单5-2-18  index.php片段
1  <select onchange="window.location.href='index.php?c='+this.value;">
2      <option value="<?=$chn?>"><?=$title?></option>
3      <option disabled>-----------</option>
4  <?php foreach ($channel as $key=>$value){ ?>
5      <option value="<?=$key?>"><?=$value['name']?></option>
6  <?php } ?>
7  </select>
```

用户选择频道菜单后，JavaScript 的 onchange 事件使得页面跳转，index.php 获得 GET 参数 c 后，从 $channel 数组中查询到该频道的 stream，然后替换播放器代码中的地址，从而完成频道切换。

5.3　DEMO2：带管理功能的直播网站程序

DEMO2 网站程序使用了数据库，相比 DEMO1，增加了很多功能，如用户注册、登录、在线激活、找回密码、在线聊天、后台用户管理、用户组与权限管理、直播事件管理、聊天管理等，用户体验更友好。

5.3.1　服务器配置

DEMO2 的服务器配置与 DEMO1 的相同，在此不再赘述。

5.3.2　程序安装

将 DEMO2 程序文件上传至服务器 demo2 目录，然后在浏览器中输入安装地址：
http://192.168.0.10/demo2/install/

进入安装"步骤 1"，服务器运行环境检测，可能会提示一些目录不可写，请按提示将目录更改为可写入（图 5-3-1）。

然后按提示单击【下一步】按钮，进入"步骤 2"（图 5-3-2）。

这里，需要说明一下关于邮件发送账号的设置（图 5-3-3），邮件发送功能用作找回密码和用户激活，如果在自己的服务器上使用 PHP 的 mail 函数发邮件，那么邮件极有可能会被当作垃圾邮件而拒收。因此本程序采用 PHPMailer 发邮件，PHPMailer 是一个开源的用于发送电子邮件的 PHP 程序，它可以让你使用自己的常用邮箱，因此不会被拒收。

账号设置中的相关参数说明如下。

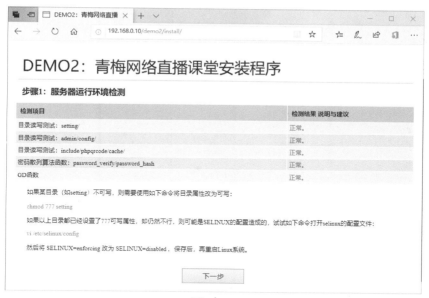

图 5-3-1

图 5-3-2

- **MAIL_KEY**：用于用户激活防盗加密KEY，由服务器随机生成即可，不需要自己填写。
- **MAIL_HOST**：邮箱的SMTP服务地址，请登录个人邮箱查看相关设置。
- **MAIL_USERNAME**：邮箱地址。
- **MAIL_PASSWORD**：邮箱密码，注意不要泄露，否则可能被人盗用。
- **MAIL_CONFIRM**：注意，当选择"无需验证，注册即激活"时，用户使用无效邮件账号也可以注册登录，但是当他需要使用找回密码功能时，就不能收到邮件了。

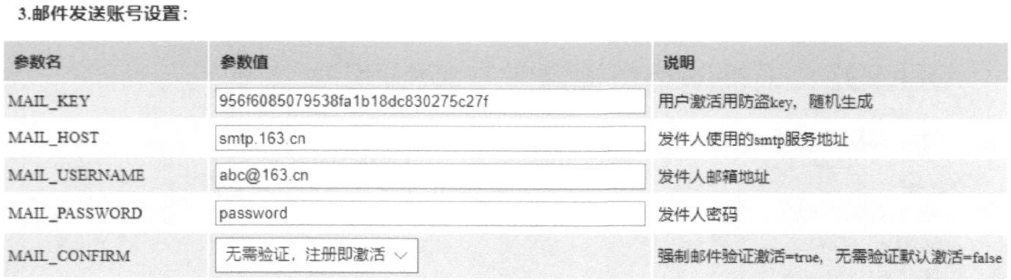
3.邮件发送账号设置：
参数名
参数值
说明
MAIL_KEY
956f6085079538fa1b18dc830275c27f
用户激活用防盗key，随机生成
MAIL_HOST
smtp.163.cn
发件人使用的smtp服务地址
MAIL_USERNAME
abc@163.cn
发件人邮箱地址
MAIL_PASSWORD
password
发件人密码
MAIL_CONFIRM
无需验证，注册即激活
强制邮件验证激活=true，无需验证默认激活=false

图 5-3-3

其他设置按照安装页面的说明填写完毕后，单击【开始安装】按钮，很快就会收到提示“系统已经成功安装”（图 5-3-4）。

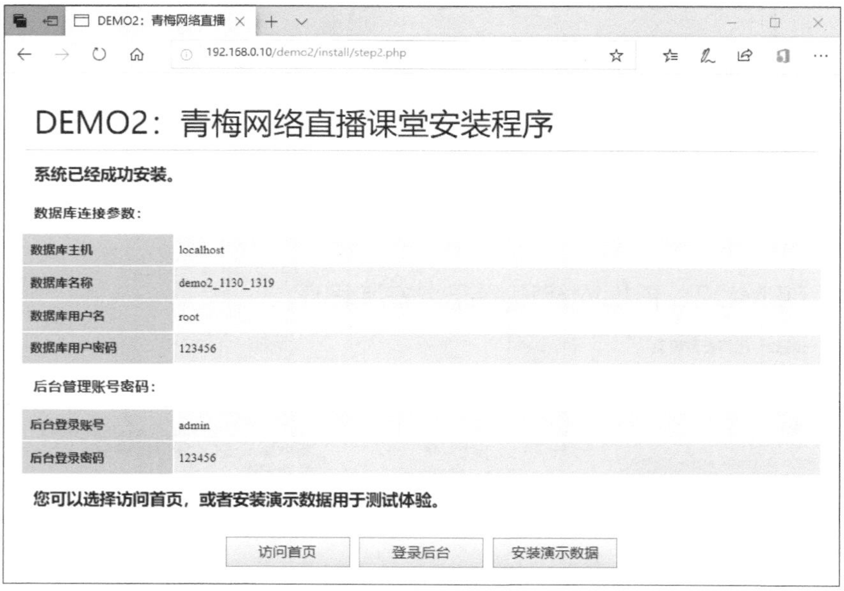
DEMO2：青梅网络直播
192.168.0.10/demo2/install/step2.php
DEMO2：青梅网络直播课堂安装程序
系统已经成功安装。
数据库连接参数：
数据库主机
localhost
数据库名称
demo2_1130_1319
数据库用户名
root
数据库用户密码
123456
后台管理账号密码：
后台登录账号
admin
后台登录密码
123456
您可以选择访问首页，或者安装演示数据用于测试体验。
访问首页
登录后台
安装演示数据

图 5-3-4

此时，可以按照提示访问首页或者登录后台，也可以单击【安装演示数据】按钮，体验测试 DEMO2 程序。

5.3.3 使用简介

按上述安装的路径，普通用户可在浏览器输入网址 http://192.168.0.10/demo2 进入主页面（图 5-3-5）。

图 5-3-5

主页面上显示了所有直播事件的列表，单击链接就能进入直播页。如果该直播时间未到，屏幕会显示倒计时画面（图 5-3-6 左），对于已经结束的直播事件，页面显示直播结束提示（图 5-3-6 右）。

图 5-3-6

单击首页上的注册、登录链接可自行注册、登录，还可以通过"用户重置密码"页面找回密码（图 5-3-7）。

注册并成功登录后，单击自己的用户名，即进入用户空间，单击修改图标✐可以上传头像、修改个人资料（图 5-3-8）。

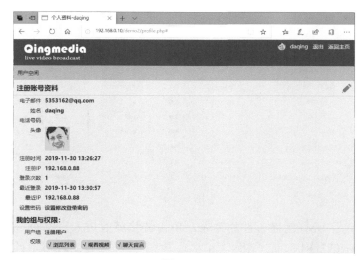

图 5-3-7

图 5-3-8

管理员可输入地址 http://192.168.0.10/demo2/admin 进入后台登录页面，然后进入"直播事件管理"，可新增、发布、编辑直播事件，查看直播事件详情（包括推流播放参数），管理聊天信息（图 5-3-9）。

图 5-3-9

单击详情图标，进入"直播事件详情"页面，可查看推流名称与播放地址，单击
【复制】按钮可快速复制（图 5-3-10）。

直播事件详情 | 返回

直播课程事件	物流管理
地点	
说明	
主讲/主持人	倪兴守
辅助人员	潘彬子
直播时间	2019年12月19日 19:00 ~ 2019年12月19日 20:00
StreamID	5df9837a14272 复制
rtmp地址	rtmp://192.168.0.10/live/5df9837a14272 复制
hls播放地址	http://192.168.0.10:8080/live/5df9837a14272.m3u8 复制
flv播放地址	http://192.168.0.10:8080/live/5df9837a14272.flv 复制

图 5-3-10

管理员也可对已经注册的用户进行授权，使他们在前台就能获取推流参数。进入
"用户管理"，右键单击编辑图标，打开用户资料编辑修改页面，将用户组改为"直播
技术人员"，然后保存（图 5-3-11）。

用户管理

返回 **编辑修改用户资料：**

ID	51
E-mail	5353162@qq.com
姓名	daqing
密码		重复一遍：
用户组	游客 注册用户 直播技术人员

图 5-3-11

这时在用户个人空间可以看到多出了"查看推流参数"和"直播流测试"权限（图
5-3-12）。

图 5-3-12

回到直播页面，可以看到课程名右边多了 2 个图标（图 5-3-13）。
单击图标即可显示视频直播参数（图 5-3-14），单击图标可以提前预览直播视频。

图 5-3-13

图 5-3-14

在视频直播参数（图 5-3-14）中，单击【单击下载设置批处理】按钮，下载后运行该批处理脚本就会自动将推流地址设置在 OBS 中（运行批处理前关闭 OBS）。

注意

运行这个下载的批处理脚本时，操作系统或杀毒软件可能会提出风险警告，需要选择忽略这些警告才可运行成功。另外，要确保 OBS 没有运行才能运行此批处理脚本，否则无法更新 OBS 的设置。

如果管理员忘记了后台登录密码，可以先删除 admin/config/config_admin.php 文件，然后登录后台，系统就会提示创建新的管理员账号和设置新的密码。

5.3.4　功能与编程思路简介

DEMO2 本质上就是一个 CMS 内容管理系统，对于其具有的常规数据库增、删、改以及显示记录等功能，请读者朋友们自行分析，下面简要介绍与直播相关的主要功能。

1.　直播倒计时

DEMO1 的直播页面在直播推流前或结束后，会一直显示为黑屏，这对观众来说体验不够友好，因而 DEMO2 设计了直播倒计时功能。

直播页文件 event.php 程序通过查询数据库，得到直播事件的开始（$event_info["open_time"]）与结束时间（$event_info["close_time"]），根据对时间的判断，分别得到 3 种状态，并调取不同的显示模板，主要代码见代码清单 5-3-1。

代码清单5-3-1　event.php片段

```
1   $event     = new Event;
2   $event_info = $event->Locate($eid);
3   if (time() < $event_info["open_time"] - LIVE_TIME_STANDBY * 60 ){
4       //直播时间n分钟之前，调出等待画面
5       $file = file_get_contents("template/tpl_wait_player.php");
6       ***
7   } else if (time() > $event_info["close_time"] + LIVE_TIME_STANDBY * 60 ){
8       //超过直播n分钟，调出结束画面
9       $player_code = file_get_contents("template/tpl_live_closed.php");
10  } else {
11      // 正在直播时，调出直播画面
12      $file = file_get_contents("template/tpl_live_player.php");
13      ***
14  }
```

代码第 3 行表示如果当前时间小于直播开始时间，调用模板 tpl_wait_player.php，显示倒计时画面，并启动倒计时跳转程序，见后面的介绍。

代码第 7 行表示如果当前时间超过直播结束的时间，调用模板 tpl_live_closed.php，该文件代码很简单，只显示"直播已经结束"之类的文字和背景图。

代码第 10 行表示如果正在直播，调用模板 tpl_live_player.php，内含流媒体播放器代码，代码同 DEMO1。

模板 tpl_wait_player.php 的完整内容见代码清单 5-3-2。

代码清单5-3-2　tpl_wait_player.php

```
1   <div class="opensoon">
2       <h2>到开播时间还剩</h2>
3       <h1><span id="count_down"></span></h1>
4       <h3><date> (<week>)
```

```
 5      <open> ~ <close><br />现在时间: <span id="clock"></span><h3>
 6      <input type="hidden" id="open_time" value="<open_time>">
 7      <input type="hidden" id="standby_time" value="<standby_time>">
 8      <input type="hidden" id="debug" value="">
 9    </div>
10    <script>
11    var i = 0;
12    var j = 0;
13    var this_time = 0;   // 服务器时间戳
14    var server_timestamp = 0;   // 服务器时间戳, 从当日0时算起
15    var open_time = document.getElementById("open_time").value;
16    var standby_time = document.getElementById("standby_time").value;
17    fresh_time();
18    real_time();
19    //定时从服务器获取时间
20    function fresh_time() {
21        var xmlhttp;
22        xmlhttp = new XMLHttpRequest();
23        xmlhttp.onreadystatechange=function() {
24            if (xmlhttp.readyState==4 && xmlhttp.status==200) {
25                var result = eval('(' + xmlhttp.responseText + ')');
26                server_timestamp = result.time;
27                this_time = result.this_time;
28            }
29        }
30        xmlhttp.open("GET","ajax/ajax_time_get.php");
31        xmlhttp.send();
32        setTimeout("fresh_time()", 60000);   // 60秒刷新一次, 用于时间校正
33        i = 0;
34        j = 0;
35    }
36    // 实时时钟计时
37    function real_time() {
38        i++;
39        var sec = parseInt(server_timestamp) + i;   // 当前时间, 从0点算起的秒数
40        var remain = open_time - parseInt(this_time) - i;   // 剩余时间, 秒
41        var clock = sec_to_clock(sec);
42        var count_down = sec_to_countdown(remain);
43        if ( remain < standby_time * 60 ){   // 时间到即刷新本页面
44            window.location.reload();
45        }
46        setTimeout("real_time()", 1000);
47        document.getElementById("clock").innerHTML = clock;
48        document.getElementById("count_down").innerHTML =  count_down ;
49        document.getElementById("debug").value = remain;
50    }
51    // 秒数转为时分秒
52    function sec_to_clock(sec) {
```

```
53      var H = Math.floor(sec / 3600) % 24;
54      var I = Math.floor(sec / 60) % 60;
55      var S = sec % 60;
56      if (S < 10) S = '0' + S;
57      if (I < 10) I = '0' + I;
58      if (H < 10) H = '0' + H;
59      return H + ':' + I + ':' + S;
60  }
61  // 秒数转为时分秒倒计时
62  function sec_to_countdown(sec) {
63      var D = Math.floor(sec / 3600 / 24 );
64      var H = Math.floor(sec / 3600) % 24;
65      var I = Math.floor(sec / 60) % 60;
66      var S = sec % 60;
67      if ( D > 0 ){
68          return '<span class="light">' + D + '</span>天<span class="light">' + H
+ '</span>小时<span class="light">' + I + '</span>分<span class="light">' + S +
'</span>秒';
69      } else if ( D == 0 && H == 0){
70          return  '<span class="light">'+ I + '</span>分<span class="light">' + S
+ '</span>秒';
71      } else {
72          return  '<span class="light">'+ H +'</span>小时<span class="light">' +
I + '</span>分<span class="light">' + S + '</span>秒';
73      }
74  }
75  </script>
```

实时时钟的时间戳 server_timestamp 由函数 fresh_time() 从服务器的 Ajax 程序 ajax_time_get.php 获得，并每隔 60 秒重新获取一次，用来校正时间。

函数 sec_to_clock(sec) 将时间戳转为时分秒，函数 sec_to_countdown(sec) 将剩余时间秒数转为倒计时的时分秒。

setTimeout("real_time()",1000) 以每秒一次的频率更新 id 为 count_down 和 clock 的 div 内容，使得页面显示的时间不断跳动，呈现出电子钟的效果。

当剩余时间 remain 小于直播开始预设的时间点 standby_time * 60 后，window.location.reload() 刷新本页面，这时 event.php 根据时间判断，将调用另一个包含播放器代码的模板 tpl_live_player.php，从而完成从倒计时画面自动切换到直播播放画面。

2. 在线聊天增量刷新

DEMO2 的在线聊天程序在 DEMO1 的基础上进行了改进，每次查询留言仅获取自上次数据库更新后的增量部分，如果没有新增留言，则不刷新。

相关的 JavaScript 程序在 event.js 文件中，发送留言将触发 submit_chat_msg()，提交留言到 ajax_chat_msg_save.php 进行保存。

在 init() 中的 setInterval("show_chat_msg()",2000) 每隔 2 秒运行一次 show_chat_ msg()，它调用 ajax_chat_msg_display.php 获取留言数据，并显示到聊天窗口。

代码清单 5-3-3 位于 ajax_chat_msg_display.php 中，$eid 是事件的 ID，$last 是上次查询记录的最后一个 ID，$chat->ListChat($eid,$last) 用于查询增量。

```
代码清单5-3-3  ajax_chat_msg_display.php片段
1   $eid = @intval($_GET["eid"]);
2   $last = @intval($_GET["last"]);
3   $chat = new Chat;
4   $msg = $chat->ListChat($eid,$last);
```

最终查询的 SQL 语句如下（在 class_chat.php 的 ListChat() 中）：

```
$sql = "SELECT * FROM `chat` LEFT JOIN `user` ON `user`.`uid` = `chat`.`user_id`
WHERE `delete` = 0 AND `eid` = {$eid} AND `id` > {$last} ORDER BY `update_time` ";
```

首次查询时，$last=0，所以该事件 eid 下的聊天记录全部能查出并输出 JSON 数据。

然后 js/event.js 中的 show_chat_msg() 从 ajax_chat_msg_display.php 获取数据，使用 for (var i = 0; i < result.length; i++) {} 逐个输出。如果查到记录，new_id 就是最后一个 id 号 result[i].id，那么 msg_list.innerHTML += new_msg 在页面聊天窗口的留言底部增加新留言（见代码清单 5-3-4）：

```
代码清单5-3-4  event.js片段
1    for (var i = 0; i < result.length; i++) {
2        ***
3        new_id = result[i].id; //获取最后一个id号
4    }
5    if (new_id > 0){ // 如果有新消息就更新msgbox
6        msg_list.innerHTML += new_msg;
7        document.getElementById("last").value = new_id;
8        div = document.getElementById('ChatWindow');
9        div.scrollTop = div.scrollHeight;
10   }
```

并且也使 <input type="hidden" id="last" > 的值更新为新的 new_id，下一次刷新时，这个值就成了 $last，继续进行增量查询。

如果增量查询结果为空，聊天记录不会更新，也不会更新 <input type="hidden" id="last" > 的值。

3. 用户权限系统

common.php 是每个程序都要引用的公共程序，其中定义了权限类别的数组，见代码清单 5-3-5。

```
代码清单5-3-5  common.php片段
1    $permission = array(
2        "BROWSE"=>"浏览列表",
3        "PLAY"=>"观看视频",
```

```
4        "STREAM"=>"查看推流参数",
5        "CHAT"=>"聊天留言",
6        "PREVIEW"=>"直播流测试",
7    );
```

在后台管理的用户组管理模块，可对用户组进行权限设置，在程序 admin/modules/ usergroup/permission.php 里，通过对 $permission 数组的遍历，显示一个权限选择输入页面，见代码清单 5-3-6。

代码清单5-3-6   **permission.php片段**
```
1   <input type="checkbox" name="chkperm[]" value="BROWSE" />  浏览列表
2   <input type="checkbox" name="chkperm[]" value="PLAY"  />  观看视频
3   <input type="checkbox" name="chkperm[]" value="STREAM"  />  查看推流参数
4   <input type="checkbox" name="chkperm[]" value="CHAT" />  聊天留言
5   <input type="checkbox" name="chkperm[]" value="PREVIEW"  />  直播流测试
```

勾选所赋予的权限，提交保存，就会把所选择的权限数组的关键词如"BROWSE" "PLAY"等序列化（serialize）并保存在用户组"permission"字段，这样用户的权限就被设置了（图 5-3-15）。

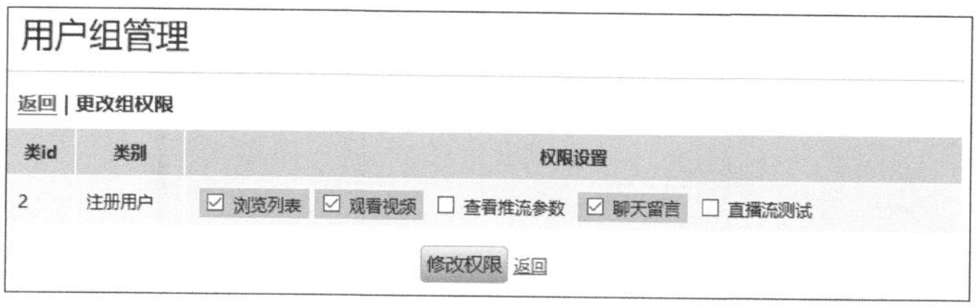

图 5-3-15

当用户登录后，在 class_checkin.php 程序中的 UserInfo() 获得用户组信息 $group_info["permission"]，然后经过反序列化（unserialize）得到一个数组 $this->userinfo["reg"] ["permission"]：

$this->userinfo["reg"]["permission"] = unserialize($group_info["permission"]);

用户权限数组形式如下：

```
Array
(
    [0] => BROWSE
    [1] => PLAY
    [2] => CHAT
)
```

权限的运用方式很简单，在每个功能入口检查用户所拥有的权限关键词，比如 "CHAT"代表聊天留言权限，加上下面的判断代码，如果用户具备该关键词"CHAT"，则可以进入播放功能，见代码清单 5-3-7。

代码清单5-3-7　　权限应用代码

```
1  if (in_array("CHAT",$userinfo["reg"]["permission"])){
2      ****** // 聊天留言功能
3  }
```

如果要扩充权限的种类，只需要在 common.php 中修改相应的数组，然后在需要应用权限的程序入口加入上述判断代码即可，并且不会影响所有用户组的已有权限。

4．流名称生成

DEMO2 为每个直播事件创建了唯一的流名称，相当于每个直播事件都拥有独立的频道。

流名称使用 uniqid() 函数，生成唯一字串，代码位于 admin/modules/event/append.php 中：

```
$data['stream_id'] = uniqid();
```

在直播还没有开始的时候，直播页面显示的是倒计时画面，这时页面 HTML 代码中也不会出现流名称，因此一般用户是无法得知流名称的。

5．流名称相关参数获取

流名称及相关参数可在后台的"直播事件管理"的事件详情中获取，有权限的注册用户也可以在前台获取。

为了方便复制推流参数，DEMO2 使用了开源的 JavaScript 剪贴板 clipboard.js，在页面引入 clipboard.js：

```
<script type="text/javascript" src="js/clipboard.min.js"></script>
```

使用下面的 JavaScript 代码启动剪贴板（位于 js/event.js 的 function view_streamid(eid) 中）：

```
var clipboard = new ClipboardJS('.btn');
```

在需要复制操作的按钮元素代码中使用如下代码，单击【复制】按钮，就能将 data-clipboard-text 定义的字符串快速复制到剪贴板中：

```
<button onmouseup="alert('地址参数已经复制到剪贴板')"  class="btn"
data-clipboard-text="<?= $rtmp_addr ?>">复制</button>
```

此外，DEMO2 提供了快速设置 OBS 的批处理。单击【单击下载设置批处理】按钮后，跳转并打开 ajax_event_view_streamid.php，此程序将调取 template/SetOBS.bat 模板，将其中的 <obs_key> 和 <obs_server> 字串替换为该事件的流名称和服务器地址，然后输出供浏览器下载。

用户双击运行此批处理文件后，在桌面创建一个包含了推流地址参数的临时文件 service.json，并用它覆盖 OBS 的配置文件 service.json，于是 OBS 设置中的"服务器"与"串流密钥"便被更新。SetOBS.bat 的完整内容见代码清单 5-3-8。

代码清单5-3-8　SetOBS.bat

```
1  @echo off
2  @chcp 65001
```

```
3   @FOR /F "delims=" %%i IN ('findstr "ProfileDir=" %USERPROFILE%\AppData\
    Roaming\obs-studio\global.ini') DO (set a=%%i)
4   @FOR /F "delims=" %%i IN ('dir /s /b %USERPROFILE%\AppData\Roaming\obs-studio\
    basic\profiles\service.json') DO (set d=%%i)
5   @chcp 936
6   set b=%a:~11%
7   set d=%USERPROFILE%\Desktop\service.json
8   echo {>%d%
9   echo     "settings": {>>%d%
10  echo         "key": "<obs_key>",>>%d%
11  echo         "server": "<obs_server>">>%d%
12  echo     },>>%d%
13  echo     "type": "rtmp_custom">>%d%
14  echo }>>%d%
15  if defined a (
16    copy -y %d% %USERPROFILE%\AppData\Roaming\obs-studio\basic\profiles\%b%
17    echo +==============================================+
18    echo   Setting [%b%] done! Press any key to finished
19    echo +==============================================+
20    pause>nul
21  ) else (
22    copy /y %d% %USERPROFILE%\AppData\Roaming\obs-studio\basic\profiles\%b%\
    service.json
23    echo +==============================================+
24    echo   Setting done! Press any key to finished......
25    echo +==============================================+
26    pause>nul
27  )
28  del %d%
```

6. 页面地址二维码生成

为了方便手机等移动终端扫码打开网址，选用开源的 phpqcode 为每个页面动态生成二维码。qrcode.php 为接口程序，给 qrcode.php 提供地址 $direct_url 就生成了地址二维码，调用如下代码：

```
<img src="qrcode.php?txt=<?=$direct_url?>" />
```

5.4 DEMO3：带推流认证和回看功能的直播网站

用 DEMO2 搭建的直播网址初步具备管理功能，不过它的 SRS 对任何推流来者不拒，虽然与 HTTP 服务"同在屋檐下"，却"老死不相往来"，没有发挥应有的功效。

本节介绍的 DEMO3 让 SRS 与 HTTP 进行沟通，实现推流认证和直播之后的回看点播。

5.4.1 服务器配置

推流认证需要用到 SRS 的 http hook 功能，回看功能需要 SRS 支持 dvr，而回看视频的截图需要用到 ffmpeg 截图功能，因此需要对服务器做如下设置。

1. SRS 配置

对 SRS 的配置文件 /usr/local/srs/conf/srs.conf 进行修改，如代码清单 5-4-1 所示。

代码清单5-4-1 `srs.conf`

```
 1  # main config for srs.
 2  # @see full.conf for detail config.
 3  listen              1935;
 4  max_connections     1000;
 5  srs_log_tank        file;
 6  srs_log_file        ./objs/srs.log;
 7  http_api {
 8      enabled         on;
 9      listen          1985;
10  }
11  http_server {
12      enabled         on;
13      listen          8080;
14      dir             ./objs/nginx/html;
15  }
16  stats {
17      network         0;
18      disk            sda sdb xvda xvdb;
19  }
20  vhost __defaultVhost__ {
21      http_remux {
22          enabled     on;
23          mount       [vhost]/[app]/[stream].flv;
24          hstrs       on;
25      }
26      hls {
27          enabled         on;
28          hls_fragment    10;
29          hls_window      60;
30          hls_path        ./objs/nginx/html;
31          hls_m3u8_file   [app]/[stream].m3u8;
32          hls_ts_file     [app]/[stream]-[seq].ts;
33      }
34      dvr {
35          enabled             on;
36          dvr_path            /var/www/html/demo3/dvr/[2006]/[01]/[stream]/
    [2006][01][02]_[15][04][05]_[999].flv;
37          dvr_plan            session;
38          dvr_duration        30;
39          dvr_wait_keyframe   on;
40      }
41      http_hooks {
42          enabled         on;
```

```
43          on_dvr              http://127.0.0.1/demo3/callback/on_dvr.php;
44          on_publish          http://127.0.0.1/demo3/callback/on_publish.php;
45      }
46  }
```

上述配置与代码清单 5-2-1 相比（DEMO2 和 DEMO1 的服务器配置相同），增加了如下内容。

（1）在 dvr{} 部分，"enabled on"表示启用 DVR 功能。

（2）"dvr_path"后面的"/var/www/html/demo3/dvr/[2006]/[01]/[stream]/"，表示在 dvr 目录下，按年、月和流 ID 创建子目录，而"[2006][01][02]_[15][04][05]_[999].flv"则表示文件名以时间规则命名，以增加可识别性。录制的文件格式为 **flv**。

（3）"dvr_plan session"表示每推流一次则录制一个文件，示例如下（5d96b08a34996 和 livestream 是不同的推流名称）：

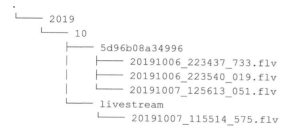

```
.
└── 2019
    └── 10
        ├── 5d96b08a34996
        │   ├── 20191006_223437_733.flv
        │   ├── 20191006_223540_019.flv
        │   └── 20191007_125613_051.flv
        └── livestream
            └── 20191007_115514_575.flv
```

（4）在 http_hooks{} 部分，"enabled on"表示启用 HTTP Callback 功能。

（5）"on_dvr"表示保存了录像文件后，触发对应的 on_dvr.php 程序，这个 on_dvr.php 用于实现视频文件的截图功能。

（6）"on_publish"表示当 SRS 接收到推流后，触发对应的 on_publish.php 程序，这个程序将完成推流认证功能。

2. 以 Apache 用户身份启动 SRS

SRS 默认是以 root 身份启动的，生成的 dvr 文件目录属于 root 用户，而截图操作是 Web 服务器以 Apache 用户身份执行的，无权在 root 用户的 dvr 目录写入截图文件。因此进行如下操作，首先以 root 身份执行如下 2 个命令停止 SRS 运行，并取消 SRS 的自动启动：

```
/etc/init.d/srs stop
chkconfig srs off
```

> **提示**
>
> 如果安装了 SRS 3.0 的 CentOS 7 版本，它的启动命令与 CentOS 6 不同，停止并取消的命令如下：
>
> systemctl stop srs
>
> systemctl disable srs

然后再将 SRS 软件目录的属主也全部改为 Apache：

```
chown -R apache:apache /usr/local/srs
```

最后以 Apache 用户身份启动 SRS 服务：

```
sudo -u apache /usr/local/srs/etc/init.d/srs start
```

3. 安装FFmpeg

在官方主页下载静态编译的 FFmpeg（Linux Static Builds），将压缩包 ffmpeg-git-amd64-static.tar.xz 解压后，把 ffmpeg 文件复制到 /usr/local/bin 目录，然后执行下面的命令使 ffmpeg 具有可执行权限：

```
chmod +x /usr/local/bin/ffmpeg
```

5.4.2   程序安装与使用

将 DEMO3 程序上传到服务器的 demo3 目录，然后在浏览器中输入安装程序的地址：http://192.168.0.10/demo3/install/

即可启动安装页面，步骤与 DEMO2 相同，不再赘述。

> **注意**
>
> SRS 服务的配置文件 srs.conf 中，dvr_path、on_dvr、on_publish 都对应了 demo3 路径，如果 DEMO3 程序放在其他非 demo3 目录，那么需要保证它们一致，否则 SRS 与 HTTP 将无法沟通。

DEMO3 的使用方法与 DEMO2 基本相同，只是做了一些改进。如当直播时间已过，页面下方会显示录制的文件缩略图，单击缩略图就会在窗口播放该视频（图 5-4-1）。

图 5-4-1

另外，如图 5-4-2 所示，左图为 DEMO2，推流参数只有一个 Stream ID（流名称），右图为 DEMO3，推流密钥变得复杂，流名称后面增加了 2 个参数（s= 密钥字串，t= 有效期时间戳），都是作为推流认证之用。

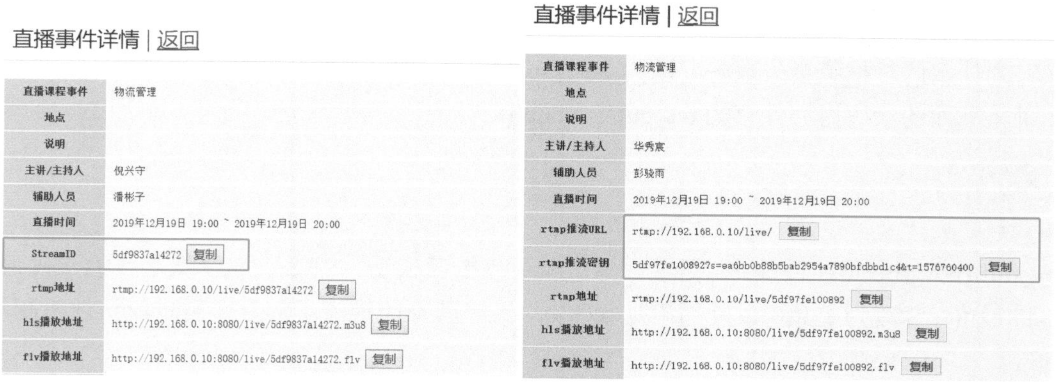

图 5-4-2

5.4.3 功能与编程思路简介

SRS 具有易用的 HTTP Callback 功能，可设置按不同事件回调不同的 http 地址，从而实现 SRS 与 HTTP 服务之间的沟通联系。

1. 推流认证功能的实现方法

在 SRS 的设置文件中，已经设置了 on_publish 事件回调 on_publish.php。当客户端对 SRS 开始推流时，会触发 on_publish 事件，SRS 向 on_publish.php 发送 JSON 格式数据。

可以做一个实验来体会一下 SRS 发送的数据，在 OBS 的流设置里，填写如下参数进行推流：

- 服务器：rtmp://192.168.0.10:1935/live；
- 串流密钥：livestream?s=abcdef&t=123456。

那么 on_publish.php 接收的 JSON 数据示例如下：

```
{
    "action":"on_publish",
    "client_id":188,
    "ip":"192.168.0.88",
    "vhost":"__defaultVhost__",
    "app":"live",
    "tcUrl":"rtmp://192.168.0.10:1935/live",
    "stream":"livestream",
    "param":"?s=abcdef&t=123456"
}
```

从上述数据中可见客户端的 IP 地址和推流参数。

此时，OBS 会提示"已断开连接。正在重新连接 ..."，并且始终不能成功推流（图 5-4-3）。

图 5-4-3

为什么此时推流会失败呢？因为 on_publish.php 程序没有向 SRS 返回表示正确的值。如果将下面的代码内容保存为 on_publish.php：

```php
<?php
exit("0");
?>
```

on_publish.php 退出并输出字符 0，那么就可以推流成功。SRS 约定字符 0 作为正确值，如将 exit("0") 改为 exit(0)，则输出是数字 0，这时就不能推流了，这就是推流认证机制的基础。

具体实现的流程是设计一个规则，每个直播事件生成一个推流密钥，推流客户端使用密钥进行推流，然后在 on_publish.php 程序中，对收到的密钥按照规则进行验证。

（1）推流密钥的生成

在 Include/function.php 文件中，函数 get_push_param（见代码清单 5-4-2）负责生成推流密钥。

代码清单5-4-2　**function.php片段**

```php
1  function get_push_param($key, $app, $streamId, $timestamp){
2      $secret = md5($key.$app.$stream_id.$timestamp);
3      $ext_str = "?".http_build_query(array(
4          "s"=> $secret,
5          "t"=> $timestamp
6      ));
7      return $streamId .$ext_str;
8  }
```

该参数包含"s= 密钥字串"和"t= 有效期时间戳"等 2 个参数。

（2）推流密钥的获取

生成 RTMP 推流地址 $push_url 和推流密钥 $push_param 的代码见代码清单 5-4-3。

代码清单5-4-3　**ajax_event_view_streamid.php片段**

```php
1  $push_url = "rtmp://" . LIVE_ADDR_RTMP  . "/". LIVE_APP ."/";
2  $push_param = get_push_param( MAIL_KEY, LIVE_APP, $event_info["stream_id"],
   $event_info["close_time"]+3600 );
```

"$push_param"使用函数 get_push_param 生成，MAIL_KEY 和 LIVE_APP 都已经在 config.php 文件中设定。作为安全保障的关键，MAIL_KEY 是不能泄露的。

"$event_info["stream_id"]"为指定直播事件的流名称。

"$event_info["close_time"]+3600"表示将推流有效期推迟到结束时间之后 3600 秒（1

小时），这是考虑到实际直播时有可能超时。当然可根据实际情况自行决定，也可以将这个超时时间作为常量放在 config.php 中。

代码清单 5-4-3 中生成的密钥参数和地址在 ajax/ajax_event_view_streamid.php 和 admin/modules/event/view.php 页面的表格中显示，使用 clipboard.min.js 可以快速复制长长的参数与地址，减少出错的可能，见代码清单 5-4-4。

代码清单5-4-4　密钥参数使用clipboard.min.js的方法

```
1   <tr class="tr0">
2       <th width="80">rtmp推流URL</th>
3       <td>
4           <?=$push_url?>
5           <button onmouseup="alert('地址参数已经复制到剪贴板')" class="btn"
    data-clipboard-text="<?= $push_url ?>">复制</button>
6       </td>
7   </tr>
8   <tr class="tr0">
9       <th>rtmp推流密钥</th>
10      <td>
11          <?=$push_param?>
12          <button onmouseup="alert('地址参数已经复制到剪贴板')" class="btn"
    data-clipboard-text="<?= $push_param ?>">复制</button>
13      </td>
14  </tr>
```

（3）推流参数的认证

在 on_publish.php 中使用 json_decode 解析出 JSON 数据 $data，然后使用 parse_str 函数解析出用户的"s= 用户提交的密钥字串"和"t= 用户提交的有效期时间戳"等 2 个参数（上述代码中，第一个参数"s"解析为"?s"，故为 $output["?s"]）。

当用户发来的数据通过 md5 计算，与"?s= 用户提交的密钥字串"相符，并且当前时间"time()"小于"t= 用户提交的有效期时间戳"，验证通过，程序输出字符"0"。

用户不知道 MAIL_KEY 的内容，以上任何篡改都会导致验证失败，这就达到了安全验证的目的。

on_publish.php 的完整代码见代码清单 5-4-5。

代码清单5-4-5　on_publish.php

```
1   <?php
2   define("_DAQING_DESIGN", 1);
3   require_once ("../include/common.php");
4   if ($_SERVER['REMOTE_ADDR'] !== "127.0.0.1"){
5       exit("非法操作");
6   }
7   $json = json_decode(file_get_contents("php://input"));
8   $stream_id = $json->stream;
```

```
 9   $app = $json->app;
10   parse_str($json->param, $output);
11   $user_secret = md5(MAIL_KEY . $app . $stream_id . $output["t"]);
12   if ($user_secret == $output["?s"] && time() < $output["t"]){
13       exit("0");
14   }
```

另外，这个 on_publish.php 是供本地服务器的 SRS 访问的，为防止无关 IP 访问，使用 $_SERVER['REMOTE_ADDR'] 对客户端 IP 进行过滤，不是 127.0.0.1（即本机 IP）的一律拒绝。

2. 视频录像文件如何自动截图

按本节的 SRS 设置启动了 dvr 与 on_dvr 功能后，每次推流结束，都会在 dvr 目录里生成一个 FLV 文件，并且向预设中的 on_dvr.php 程序发送 JSON 数据，数据格式示例如下：

```
{
    "action":"on_dvr",
    "client_id":107,
    "ip":"192.168.0.88",
    "vhost":"__defaultVhost__",
    "app":"live",
    "stream":"5d96b08a34996",
    "param":"?s=487091c1ff24e5b2073caf90cf136c58&t=1570372200",
    "cwd":"/usr/local/srs",
    "file":"/var/www/html/demo3/dvr/2019/10/5d96b08a34996/20191006_213927_775.
flv"
}
```

该数据中包括录制的文件路径及名称等信息。

on_dvr.php 的代码见代码清单 5-4-6。

代码清单5-4-6　on_dvr.php

```
1   <?php
2   if ($_SERVER['REMOTE_ADDR'] !== "127.0.0.1"){
3       exit("非法操作");
4   }
5   $json = json_decode(file_get_contents("php://input"));
6   $file = $json->file;
7   $img = $file.".jpg";
8   $cmd = "/usr/local/bin/ffmpeg -ss 1 -i '{$file}' -s 150x96 -frames:v 1 -y
    '{$img}'";
9   exec($cmd);
```

on_dvr.php 程序将 JSON 数据解析，得到录制文件路径 $file，并设置截图文件 $img 和 ffmpeg 截图命令 $cmd，最后用 exec 执行 $cmd。截图的尺寸由 "-s" 参数指定。

为了防止非 SRS 的其他来源访问 on_dvr.php，用来源 IP（$_SERVER['REMOTE_ADDR']）进行鉴别，非本地 IP（127.0.0.1）一律禁止。

3. 录像点播功能的实现方法

当直播时间结束后，直播观看页将显示录像文件。代码清单 5-4-7 所示的代码位于

event.php 中，用来获取录制的 FLV 文件。

代码清单5-4-7 **event.php片段**

```
1   } else if (time() > $event_info["close_time"] + LIVE_TIME_STANDBY * 60 ){
2       $dir = "dvr/"
3               . date("Y",$event_info["open_time"])
4               . "/" . date("m",$event_info["open_time"])
5               . "/" . $event_info["stream_id"];
6       $dvr_files = glob($dir."/*.flv");
7       $player_code = file_get_contents("template/tpl_live_closed.php");
8   } else {
```

$dir 获取直播事件的录制文件存放路径（路径规则在 srs.conf 配置文件中定义），用 glob 函数查出该 $dir 路径下的 *.flv 文件列表，并存放在数组 $dvr_files 中，数据示例如下：

```
Array
(
    [0] => dvr/2019/10/5d96b08a34996/20191006_223437_733.flv
    [1] => dvr/2019/10/5d96b08a34996/20191006_223540_019.flv
    [2] => dvr/2019/10/5d96b08a34996/20191007_125613_051.flv
)
```

在 event.php 调用的模板文件 template/tpl_event.php 中，将数组 $dvr_files 在其中遍历输出在 <div id="dvr_list"> 容器里，显示录像文件的缩略图，见代码清单 5-4-8。

代码清单5-4-8 **tpl_event.php片段**

```
1   <div id="dvr_list">
2   <?php
3   if (!empty($dvr_files)){
4       foreach ($dvr_files as $value){
5   ?>
6       <div class="clip" style="background-image:url(<?=$value.".jpg"?>);" >
7           <span title="单击播放" class="over"
     onclick="vodplay('<?=$value?>')"></span>
8       </div>
9   <?php
10  }}
11  ?>
12  </div>
```

代码清单 5-4-9 位于模板文件 tpl_live_closed.php 中，用于播放 FLV 文件。

代码清单5-4-9 **tpl_live_closed.php片段**

```
1   <script type="text/javascript">
2   function vodplay(dvr){
3       var playcode ='<video id="videoElement" width="100%" autoplay controls >网
     页视频播放器加载中，请稍候...</video>';
4       document.getElementById('Player').innerHTML = playcode;
5       if (flvjs.isSupported()) {
```

```
6              var videoElement = document.getElementById('videoElement');
7              var flvPlayer = flvjs.createPlayer({
8                  type: 'flv',
9                  isLive: false,
10                 enableStashBuffer: true,
11                 url: dvr
12             });
13             flvPlayer.attachMediaElement(videoElement);
14             flvPlayer.load();
15             flvPlayer.play();
16         }
17 }
18 </script>
```

　　这个播放器代码使用了 flv.js 播放器，与 5.2 节 DEMO1 所述播放 FLV 直播流的用法相似，只是参数 "isLive" 由 "true" 改为了 "false"。

4. 使用 Web 页管理 SRS

　　DEMO3 在后台管理程序目录 admin/modules/ 下增加了一个 SRS 的管理模块目录，名为 srs，里面包含如下 2 个文件：

```
.
├── description.txt
└── index.php
```

　　文件 description.txt 的内容如下，只有一行，此文字将作为模块的菜单名称：

7.SRS服务

　　文件 admin/modules/index.php 的内容见代码清单 5-4-10。

代码清单5-4-10　index.php

```php
1  <?php
2  defined("_DAQING_DESIGN" ) or die( "操作错误，不能直接调用" );
3  exec ("pgrep -f srs", $pid);
4  exec ("/etc/init.d/srs status", $status)
5  if (isset($_POST["stop"])){
6      exec ("/etc/init.d/srs stop");
7      header("Location: index2.php?mod=$mod_name");
8  }
9  if (isset($_POST["start"])){
10     exec ("/etc/init.d/srs start");
11     header("Location: index2.php?mod=$mod_name");
12 }
13 ?>
14 <h2>SRS服务</h2>
15 <p>查看SRS服务状态，并可启动、停止SRS服务。 </p>
16 <form method="post" action="">
17     <table>
```

```
18          <tr>
19              <th>PID</th>
20              <th>状态</th>
21          </tr>
22          <tr class="tr1">
23              <td><?=@$pid[0]?></td>
24              <td><?=$status[0]?></td>
25          </tr>
26      </table>
27      <div class="button_zone">
28          <input name="start" type="submit" value="启动" >
29          <input name="stop" type="submit" value="停止" >
30      </div>
31  </form>
```

代码的核心就是使用 exec 执行 linux 命令"pgrep -f srs"，查询到 srs 的运行 PID，再运行"/etc/init.d/srs status"查询 srs 的运行状态，同样使用"/etc/init.d/srs start"或"/etc/init.d/srs stop"启动或停止 SRS 服务。操作界面如图 5-4-4 所示。

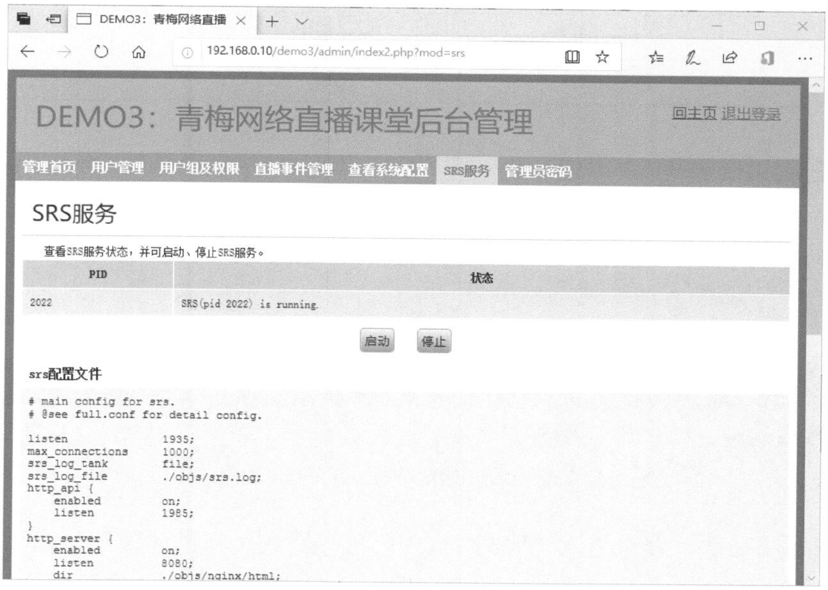

图 5-4-4

5.5 DEMO4：使用云直播的直播网站

如果您的直播网站是针对公网服务的，且访问量较大，那么将流媒体服务放在云直播上是一个理想的选择。关于使用云直播的好处，在本书第 2 章已经简要地概述了。

DEMO4 就是基于腾讯云直播平台编写的直播管理程序，在安装和使用前，需要准备好自有域名并开通腾讯云直播。

提示

下面实例中的域名如 "livepush.***.cn" "liveplay.***.cn" 以及腾讯云的 SecretId 和 SecretKey、API KEY 等参数均为虚构，请读者朋友将它们替换为自己的有效参数，否则可能无法成功推流。

5.5.1　开通云直播

腾讯云直播要求客户必须使用自有域名，并且域名必须经工业和信息化部备案。如果您还没有域名，那么就需要选择一家域名服务商进行购买、注册并协助备案。

假设已有域名 "***.cn"，在开通云直播前，先规划好 3 个二级域名备用，如表 5-5-1 所示。

表 5-5-1

序号	二级域名	主机记录	用途
1	www.***.cn	www	Web 服务
2	livepush.***.cn	livepush	视频推流
3	liveplay.***.cn	liveplay	视频播放

1.　注册腾讯云账号

进入腾讯云官网，注册账号并完成实名认证，然后进入腾讯云直播服务开通页，按页面提示申请开通云直播服务。对于开通过程中的问题，请与腾讯云客服联系，这里不做具体叙述。

提示

在本书截稿时，腾讯已经将原 "云直播" 产品改名为 "标准直播"，本书以下讲解仍称之为 "云直播"。由于腾讯云产品不断升级变化，下面的截图与实际网页可能会有出入。

账号注册成功后，登录进入 "账号中心"，可以看到个人的 "账号信息"，进入 "访问管理" 页面，再单击左边的菜单 "访问密钥→ API 密钥管理"，进入 "API 密钥管理" 页面，如图 5-5-1 所示。

这里的 2 个参数 SecretId 和 SecretKey 是一对 API 密钥，用于生成签名以访问腾讯云 API。

2.　添加自有域名

登录云直播控制台，进入 "域名管理" 页，单击 "添加域名"，在弹出窗口中分别选择 "播放域名" 和 "推流域名"，并添加 2 个先前规划好的域名（图 5-5-2）。

播放域名：liveplay.***.cn

推流域名：livepush.***.cn

图 5-5-1

图 5-5-2

单击【确定】按钮添加成功后，会出现对应的 CNAME 域名（图 5-5-3）。

图 5-5-3

系统也默认提供一个数字开头的域名，类似"23456.livepush.myqcloud.com"用于推流测试，但不建议在正式的业务中使用这个域名作为推流域名，最终域名如表 5-5-2 所示。

表 5-5-2

域名	CNAME	类型
livepush.***.cn	livepush.***.cn.livepush.myqcloud.com	推流域名
liveplay.***.cn	liveplay.***.cn.livecdn.liveplay.myqcloud.com	播放域名
23456.livepush.myqcloud.com	23456.livepush.myqcloud.com	推流域名

3. 域名鉴权设置

单击图 5-5-3 中推流域名右边的链接"管理"，在新页面的"基本信息"一栏，可以发现有一个 API Key（图 5-5-4）。

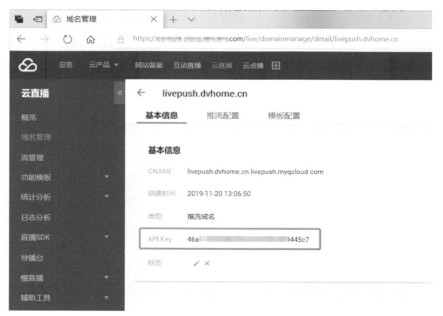

图 5-5-4

这个 API Key 是用于与腾讯服务器进行程序交互加密用的密钥字串，将其复制并保存备用。

再进入"推流配置"栏，可以看到"主 KEY"后面的一个字符串，这是用来做推流防盗链 Key 的，这个字符串也需要复制并保存备用（图 5-5-5）。

而后单击右边的"编辑"打开"鉴权配置"弹窗，可以禁用或启用"推流鉴权"，强烈建议开启鉴权，否则，任何人不经许可都可以推流到您的服务器。如果"主 KEY"泄露了，就需要更改 KEY 字符串，或使用"备 KEY"（图 5-5-6）。

回到"域名管理"，再进入播放域名设置，这里有"播放配置""模板配置"等几个栏目，一般不需要设置即可使用（图 5-5-7）。

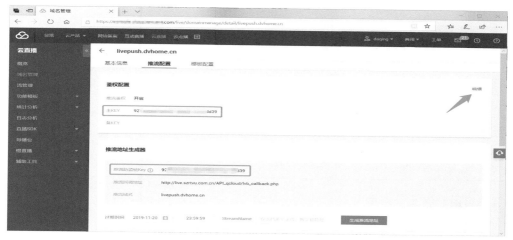

图 5-5-5

图 5-5-6

图 5-5-7

表 5-5-3 总结了用户的密钥参数。

表 5-5-3

参数	样式（此列内容为虚构）	说明
APPID	1234567890	在"账号中心→访问控制→访问密钥→ API 密钥"中可查看管理
SecretId	PYltp5YtAD5nNnaCLKEzZxAgEbAK26MIDxqY	
SecretKey	G3qRky5KnKVXWh2WERiodWLyV7TlpSiT	
推流防盗链 Key	b531deaf03ea66bdb6528f6baab37622	在"域名管理→基本信息→推流配置"中可查看管理
API Key	f8cbf8c5dbbdbafb516c57581b950dc8	

4. 启用录制及云点播

在云直播管理页面，单击左边的"功能模板"，进入"录制设置"，单击"录制设置"页面左侧的"+"可以增加录制配置。"可用模板"有 FLV、MP4、HLS 等 3 种格式，考虑到 MP4 格式容易播放，也方便下载，故选择"MP4"。在"模板名称"栏填写名称，例如"mp4_record"。"录制文件类型"中"单个录制文件时长"默认 30 分钟，意思是每当录制时间超过 30 分钟，录制的文件自动分段另存为新文件。"文件保存时长"为 0 表示永久保存，最后单击【保存】按钮完成模板的设置（图 5-5-8）。

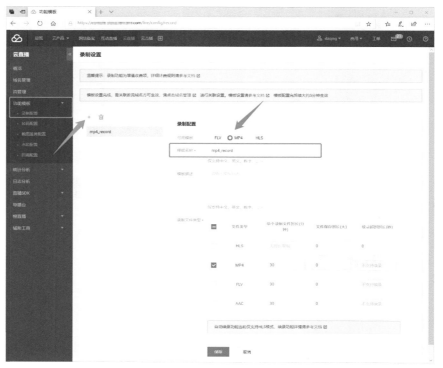

图 5-5-8

再进入"域名管理"页面，找到推流域名，单击右边的"管理"（图 5-5-9）。

图 5-5-9

在新页面中进入"模板配置"，在"录制配置"栏右边单击"编辑"，弹出"录制配置"窗口，勾选刚才创建的录制模板"mp4_record"前面的选框，单击【保存】按钮（图5-5-10）。

图 5-5-10

由于视频录制会用到云点播功能，因此系统可能会提示要开通云点播，按提示开通云点播即可。

5. 域名解析地址 CNAME

域名解析地址 CNAME 需要对自有域名进行管理，假设自有域名 ***.cn 是在阿里云注册解析的，现在就登录域名管理页的 DNS 解析设置，单击"添加记录"，按表 5-5-2填写各项参数：

- 记录类型：CNAME；
- 主机记录：livepush；
- 记录值：livepush.***.cn.livepush.myqcloud.com。

然后单击【确定】按钮保存（图 5-5-11）。

再如法炮制，添加播放域名"liveplay.***.cn"的 CNAME 记录。

如果是其他域名服务商，可能具体页面有所不同，但操作方法基本是一样的。CNAME 添加成功后通常需要 10 分钟以上才能生效，如果 CNAME 添加不成功，是无法使用云直播的。

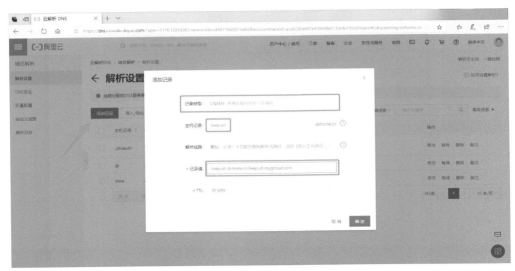

图 5-5-11

6. 测试推流到云直播

开通云点播成功后，可以测试一下。进入"域名管理→推流配置"，找到"推流地址生成器"，在"StreamName"一栏中输入一个测试流名称，如"teststream"，然后单击【生成推流地址】按钮，这时在下方会生成一串推流地址（图 5-5-12），格式如下：

rtmp://livepush.***.cn/live/teststream?txSecret=223c20cfa24f6ae34837fd435bde3953&txTime=5DD562FF。

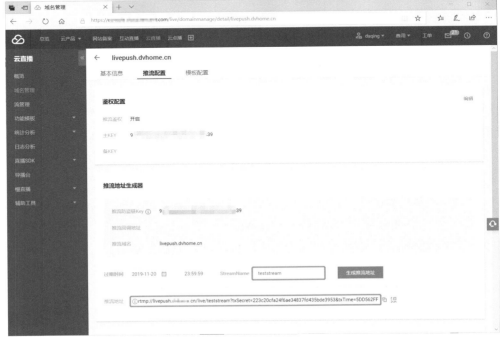

图 5-5-12

运行 OBS 软件，进入 OBS 的推流设置界面，将上述地址的前半部分输入"服务器"一栏，后半部分输入"串流密钥"中，然后开始推流。

- 服务器：rtmp://livepush.***.cn/live/。
- 串流密钥：teststream?txSecret=223c20cfa24f6ae34837fd435bde3953&txTime=5DD562FF。

再打开 VLC 播放器，打开网络串流，输入该"teststream"对应的播放地址，即把推流地址的推流域名改为播放域名：

rtmp://liveplay.***.cn/live/teststream

这时就能看到直播的视频了。

由此可见，云直播服务器与 SRS 流媒体服务器都使用 RTMP 协议进行推流，使用方法类似。

5.5.2　服务器配置

由于使用云直播作为流媒体服务，因此不需要安装 SRS 软件（当然如果安装了 SRS 也不会有影响），其他配置步骤如下。

1. 安装 at 服务

at 服务用于定时执行任务，使用如下命令安装：

```
yum -y install at
```

安装完毕后，使 at 随系统启动而自动启动，并启动 atd：

```
systemctl enable atd
systemctl start atd
```

2. 安装 FFmpeg

安装设置方法参见 DEMO3，如已安装，此步省略。

3. 设置 Apache 用户运行权限

本程序需要以 Apache 用户身份运行脚本来创建视频缩略图，而通常 Apache 用户不具有执行脚本的权限。执行如下命令查看 Apache 用户：

```
cat /etc/passwd|grep apache
apache:x:48:48:Apache:/usr/share/httpd:/sbin/nologin
```

如果看到的结果包含"/sbin/nologin"，说明此时 Apache 用户无执行权限。

需要输入以下命令：

```
usermod -s /bin/sh apache
```

这样 Apache 用户就可以运行脚本了。重新输入前面的命令查看一下，可以看到 Apache 用户的属性包含了"/bin/sh"，说明 Apache 用户已经可以执行脚本了。

```
cat /etc/passwd|grep apache
apache:x:48:48:Apache:/usr/share/httpd:/bin/sh
```

5.5.3　程序安装与使用

DEMO4 的安装方法与 DEMO3 基本相同，假设 Web 服务器的地址是 www.***.cn，首先将 DEMO4 的代码上传至服务器，假设所在目录为 demo4，在浏览器中输入地址：

http://www.***.cn/demo4/install

按程序提示，进入步骤 2，在"5.腾讯云直播相关设置"部分，填写之前已经准备好的域名及各类 API 密钥（图 5-5-13）。

图 5-5-13

其他安装步骤与使用说明参见 DEMO3。

5.5.4　功能与编程思路简介

DEMO4 与 DEMO3 相比，主要变化在于使用腾讯云规则生成推流密钥、使用 API 查询 VOD 视频文件实现回看点播功能等。

1. 推流密钥生成

腾讯云直播提供了推流地址示例代码（图 5-5-14）。

DEMO4 根据腾讯云的示例代码编写了密钥生成函数 get_push_param，并将推流及播放地址都封装在位于 class_cloud_live.php 的 CloudLive 类中，见代码清单 5-5-1，代码中的常量即为安装时配置的腾讯云直播参数。

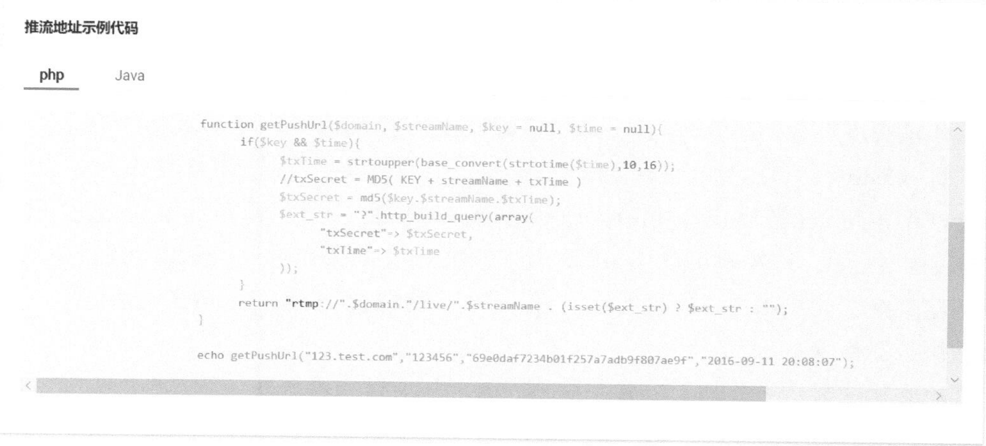

推流地址示例代码

php　　Java

```
function getPushUrl($domain, $streamName, $key = null, $time = null){
    if($key && $time){
        $txTime = strtoupper(base_convert(strtotime($time),10,16));
        //txSecret = MD5( KEY + streamName + txTime )
        $txSecret = md5($key.$streamName.$txTime);
        $ext_str = "?".http_build_query(array(
            "txSecret"=> $txSecret,
            "txTime"=> $txTime
        ));
    }
    return "rtmp://".$domain."/live/".$streamName . (isset($ext_str) ? $ext_str : "");
}

echo getPushUrl("123.test.com","123456","69e0daf7234b01f257a7adb9f807ae9f","2016-09-11 20:08:07");
```

图 5-5-14

代码清单5-5-1　`class_cloud_live.php`

```php
1   <?php
2   class CloudLive {
3       // 腾讯云直播推流地址生成
4       public function get_push_param($stream_id, $timestamp){
5           $tx_time = strtoupper(base_convert($timestamp,10,16));
6           $tx_secret = md5(CLOUD_LIVE_KEY . $stream_id . $tx_time);
7           $ext_str = "?".http_build_query(array(
8               "txSecret"=> $tx_secret,
9               "txTime"=> $tx_time
10              ));
11          $param = $stream_id .( isset($ext_str) ? $ext_str : "");
12          return $param;
13      }
14      // 获取rtmp推流地址
15      public function push_addr($stream_id){
16          $push_addr = "rtmp://". CLOUD_LIVE_PUSH ."/". LIVE_APP ."/";
17          return $push_addr;
18      }
19      // 获取rtmp播放地址
20      public function rtmp_addr($stream_id){
21          $rtmp_addr = "rtmp://". CLOUD_LIVE_PLAY."/". LIVE_APP ."/".$stream_id;
22          return $rtmp_addr;
23      }
24      // 获取hls播放地址
25      public function hls_addr($stream_id){
26          $hls_addr = "http://".CLOUD_LIVE_PLAY."/". LIVE_APP ."/".$stream_
    id.".m3u8";
27          return $hls_addr;
28      }
29      // 获取flv播放地址
30      public function flv_addr($stream_id){
31          $flv_addr = "http://". CLOUD_LIVE_PLAY."/". LIVE_APP ."/".$stream_
    id.".flv";
```

32	return $flv_addr;
33	}
34	}

代码清单 5-5-1 中的 $tx_secret 是由推流鉴权的主 KEY（常量 CLOUD_LIVE_KEY）与流名称（$stream_id）及截止时间（$tx_time）共同连接并合成 MD5 字串。

合法用户可以得到 $tx_secret，但非法用户得不到 KEY，所以无法伪造出符合上述规则的 $tx_secret，这样就可以拒绝非法用户的推流。如果在 $tx_time 时间之后推流，会被服务器拒绝。如果用户自行更改 $tx_time，会导致提交的 $tx_secret 与服务器不一致，也会被服务器拒绝。

推流密钥的显示方式与 DEMO3 相同，前台与后台均可获取（图 5-5-15）。

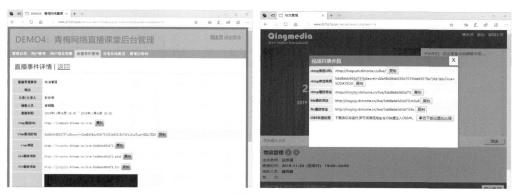

图 5-5-15

2．VOD 文件的查询

在开通云直播时，我们已经启用了录制和云点播功能，这样一旦有视频流推送到云直播，就会同时在云点播服务器上自动地保存对应的 VOD 视频文件。

如何获取云点播服务器上保存的 VOD 文件信息呢？方法一是使用云直播服务器提供的回调功能，它在录制好文件后主动向预设的回调地址发送 JSON 数据，数据包含 VOD 文件信息。方法二是由本地服务器主动向云点播服务器请求查询。

DEMO4 采用的是方法二，这样程序比较简单，在内网调试也方便。API 的使用原理是从本地服务器向接口请求域名 vod.tencentcloudapi.com 提交一系列特定参数，然后从返回的数据中解出 VOD 视频文件信息。

查询 VOD 的程序封装在类 CloudVod 中（位于 class_cloud_vod.php 中），使用 vod_query($stream_id) 方法对流名称 $stream_id 进行查询，见代码清单 5-5-2。

	代码清单5-5-2　class_cloud_vod.php片段
1	$ext_str = array(
2	"Action"=> "SearchMedia",
3	"StreamId"=> $stream_id,
4	"Timestamp"=>time(),
5	"Nonce" => rand(),

```
6                    "SecretId" => CLOUD_VOD_API_SECRET_ID,
7                    "Version"=> "2018-07-17" ,
8                    "Sort.Field"=>"CreateTime",
9                    "Sort.Order"=>"Asc",
10                 );
11   ksort($ext_str); // 按腾讯API要求对参数数组排序
12   $param = http_build_query($ext_str);
13   $src_str = "GET" . CLOUD_VOD_API_HOST . "/?" . $param;
14   $sign = urlencode(base64_encode(hash_hmac('sha1', $src_str, CLOUD_VOD_API_
     SECRET_KEY, true)));
15   $url = "https://" . CLOUD_VOD_API_HOST . "/?" . $param."&Signature=" . $sign;
16   $json = json_decode(file_get_contents($url)); // 查询腾讯云StreamId下的点播视频
```

上述代码中，$ext_str 数组包含了必要的查询 VOD 的 API 参数，其描述如表 5-5-4 所示。

表 5-5-4

序号	参数名称	描　　述
1	Action	公共参数，本接口取值：SearchMedia
2	Timestamp	当前 UNIX 时间戳，可记录发起 API 请求的时间。例如 1529223702，如果与当前时间相差过大，会引起签名过期错误
3	Nonce	随机正整数，与 Timestamp 联合起来用于防止重放攻击
4	SecretId	在云 API 密钥上申请的标识身份的 SecretId，一个 SecretId 对应唯一的 SecretKey，而 SecretKey 会用来生成请求签名 Signature
5	Version	操作的 API 的版本，公共参数，本接口取值：2018-07-17
6	Sort.Field	可选值：CreateTime
7	Sort.Order	排序方式
8	StreamId	直播流名称
9	Signature	请求签名，由 1 ～ 8 号参数及用户 SecretKey 生成，用来验证此次请求的合法性

表 5-5-4 中 1 ～ 8 号参数构成 $ext_str 数组，经过排序后生成字符串 $src_str，然后与用户 SecretKey 经过 SHA1、base64_encode、urlencode 三重算法生成表中的 9 号参数 Signature，最终合成的请求地址 $url 类似如下：

```
https://vod.tencentcloudapi.com/?Action=SearchMedia
&Nonce=1656747997
&SecretId=PYltp5YtAD5nNnaCLKEzZxAgEbAK26MIDxqY
&Sort.Field=CreateTime
&Sort.Order=Asc
&StreamId=5dcca9897416d
&Timestamp=1574318664
&Version=2018-07-17
&Signature=pWdbH4VvVtKuXYNOGCKY53HGZ2Y%3D
```

使用 $json = json_decode(file_get_contents($url)) 从上述地址获取解码为 JSON 格式的

数据如下：

```
stdClass Object
(
    [Response] => stdClass Object
        (
            [MediaInfoSet] => Array
                (
                    [0] => stdClass Object
                        (
                            [FileId] => 5285890796017168646
                            [BasicInfo] => stdClass Object
                                (
                                    [Name] => 5dcca9897416d_2019-11-20-21-20-05_
2019-11-20-21-22-16
                                    [Description] =>
                                    [CreateTime] => 2019-11-20T13:22:17Z
                                    [UpdateTime] => 2019-11-20T13:22:19Z
                                    [ExpireTime] => 9999-12-31T23:59:59Z
                                    [ClassId] => 502650
                                    [ClassName] => 音视频录播
                                    [ClassPath] => 音视频录播
                                    [CoverUrl] =>
                                    [Type] => mp4
                                    [MediaUrl] => http://1234567890.vod2.
myqcloud.com/7f861bcavodcq1234567890/e29c32b75285890796017168646/f0.mp4
                                    [TagSet] => Array
                                        (
                                        )
                                    [StorageRegion] => ap-chongqing
                                    [SourceInfo] => stdClass Object
                                        (
                                            [SourceType] => Record
                                            [SourceContext] => rtmp://livepush.
***.cn/live/5dd53d4c7a174?txSecret=48d03dad8db2c91ff9ebbab68167af76&txTime=5DD55040
                                        )
                                    [Vid] => 1234567890_3f2063d0ef6844f2aa20cb9
aa1ead362
                                )
                            [MetaData] =>
                            [TranscodeInfo] =>
                            [AnimatedGraphicsInfo] =>
                            [SampleSnapshotInfo] =>
                            [ImageSpriteInfo] =>
                            [SnapshotByTimeOffsetInfo] =>
                            [KeyFrameDescInfo] =>
                            [AdaptiveDynamicStreamingInfo] =>
                            [MiniProgramReviewInfo] =>
                        )
                    [1] => stdClass Object
                        (
                            ......此处省略
                        )
                    [2] => stdClass Object
                        (
```

```
                         ......此处省略
                 )
             )
        [TotalCount] => 3
        [RequestId] => 34dc0420-7723-4692-8dc1-f87125111a9e
     )
)
```

上述数据中，包含的几个主要参数说明如下。

- FileId：文件的唯一代号；
- Name：云点播上的视频名，由推流名称和录制开始时间与结束时间组成；
- Type：视频文件格式，这是在域名管理的功能模板中设置的录制配置；
- MediaUrl：视频文件的实际地址，对于不需要播放鉴权的简单应用，DEMO4直接调用此地址进行播放；
- TotalCount：视频文件总数，上例中共查到3个视频文件。

3. 将VOD信息保存到本地数据库

腾讯云点播对上述 API 接口请求频率是有限制的，并且查询过程也比较慢，因而需要将 VOD 信息保存到本地服务器。DEMO4 设置了一个数据表 vod_file，用于存储每个 VOD 文件的信息，图 5-5-16 为 phpMyAdmin 显示的 vod_file 表。

图 5-5-16

另外，DEMO4 在 DEMO3 的基础上，对 event 表增加了一个字段，名为 vod_qty，用于记录 VOD 文件的数量。

那么本地服务器什么时候向腾讯 API 接口发出请求呢？这个请求由用户（包括各类网页爬虫）顺带着完成，当直播时间超过程序设定值后，用户访问 event.php 时，event.js 中的 show_vod_list() 调用 ajax/ajax_event_vod_file.php，触发了查询动作，见代码清单 5-5-3。

代码清单5-5-3 ajax_event_vod_file.php片段

```php
1   if ($event_info["vod_qty"] == 0){
2       $cloud_vod = new CloudVod;
3       $cloud_vod_file = $cloud_vod->vod_query($event_info['stream_id']);
4       $num = count($cloud_vod_file);
5       if ($num > 0){
6           $event->Update(array("vod_qty"=>$num),$eid); // 保存查询的点播视频数据
7           $vod = new VodFile;
8           $vod->DeleteByEid($eid); // 先删除原有关联记录，再依次插入
9           foreach ($cloud_vod_file as $value){
```

```
10                      $data = array (
11                              "eid" => $eid,
12                              "stream_id" => $value['stream_id'],
13                              "file_id" => $value['file_id'],
14                              "name" => $value['name'],
15                              "start_time" => $value['start_time'],
16                              "stop_time" => $value['stop_time'],
17                              "type" => $value['type'],
18                              "media_url" => $value['media_url'],
19                              "vid" => $value['vid'],
20                              );
21                  $vod->Insert($data);
22                  $vod_id = $vod->LastId();
23                  // 对点播视频创建截图并保存到本地
24                  $path = _SITEROOT . "vod/".date("Y",$event_info["open_time"]).
    "/".date("m",$value["open_time"])."/".$eid;
25                  if (!file_exists($path)){
26                      if (!mkdir($path, 0777, true)) {
27                          die($path ."创建目录失败，请检查是否具有该目录写权限...");
28                      }
29                  }
30                  $file = $path ."/" . $vod_id . ".jpg";
31                  $url = $value["media_url"];
32                  // 创建ffmpeg截图临时脚本
33                  $cmd = "/usr/local/bin/ffmpeg -ss 0 -i " . $url . " -frames:v 1 -y
    ".$file ;
34                  $script = $path ."/" . $vod_id  . ".sh";
35                  file_put_contents($script, $cmd);
36                  exec("at -f {$script} now"); // 使用at命令，让apache在后台执行脚本
37                  unlink($script); // 删除临时脚本
38              }
39          }
40  }
```

当直播时间已过，该程序判断直播事件的 $event_info["vod_qty"]，如果其为 0，则启动查询 VOD 流程，然后将查询到的 VOD 文件逐个插入 vod_file 表中，并在 vod 目录下按年、月、事件 eid、VOD 文件的 vod_id 逐个创建 VOD 文件的缩略图。

如果按 DEMO3 的方法直接使用 exec 执行 ffmpeg 命令从视频中截图，由于视频源在远程的云点播服务器上，因此 ffmpeg 打开视频的耗时就比较长，PHP 程序要等 ffmpeg 命令运行结束才会返回程序，从而导致浏览器停顿许久。

为了解决这一问题，DEMO4 将 ffmpeg 截图命令 $cmd 创建为临时脚本 $script：

```
file_put_contents($script, $cmd);
```

再由 PHP 将脚本 $script 创建为定时任务，这个过程很快，不会造成浏览器的停顿现象。

```
exec( "at -f {$script} now");
```

这样就将 ffmpeg 截图任务成功地交给后台执行。

4．显示 VOD 文件列表

从本地缓存表 vod_file 中查询与事件的 $eid 关联的点播文件，并列出来供用户点播使用，见代码清单 5-5-4。

```
代码清单5-5-4  ajax_event_vod_file.php片段
1  $vod_file = $vod->VodByEvent($eid);
2  if (!empty($vod_file)){
3      foreach ($vod_file as $value){
4          $cover = "vod/".date("Y",$value['start_time'])."/"
   .date("m",$value['start_time'])."/"
   .$value['eid']."/".$value['vod_id'].".jpg";
5          if (!file_exists(_SITEROOT .$cover)){
6              $cover = "template/image/film.png";
7          }
8          if ($value['disable'] == 0){
9  ?>
10             <div class="clip" style="background-image:url(<?=$cover?>);" >
11                 <span title="单击播放" class="over"
   onclick="vodplay('<?=$value['media_url']?>')"></span>
12             </div>
13 <?php
14 }}}
15 ?>
```

当 VOD 文件存在时，显示该文件对应的缩略图，如果缩略图不存在，则显示通用的视频图标"template/image/film.png"。

如果该 VOD 文件被禁用（$value['disable'] 非 0），则文件对应的缩略图不会在前台显示。

5．VOD 文件后台管理

VOD 文件的手工查询、禁用与启用和删除等管理，是在后台进行操作的。在后台的"直播事件管理"模块，单击录像图标 ，可进入查询录像文件页面（图 5-5-17）。

由于某种原因，VOD 文件可能没有及时生成缩略图，或者查询的数量跟实际录像文件数不符，这时单击【从腾讯云平台重新查询 VOD 文件】按钮，就会调用 admin/modules/event/ajax_vod_requery.php 程序，执行查询 VOD 文件的操作，具体步骤与自动查询基本相同。

对于某些 VOD 文件，如果不想在前台显示，那么可以单击图标 禁用该视频，这时会调用 ajax_vod_disable.php 程序，此操作很简单，仅仅是改变 vod_file 表中相应记录的字段 disable 的值，由 0 变为 1 即为禁用，或由 1 变为 0 则为启用。

如果需要彻底删除 VOD 文件，则单击 ，调用 admin/modules/event/ajax_vod_delete.php 程序。因为删除后无法恢复，故为慎重起见，这里设置了一个管理员输入密码进行确认的环节。

图 5-5-17

在云点播平台删除文件需要构造一系列认证参数，见代码清单 5-5-5。

代码清单5-5-5　ajax_vod_delete.php片段
1	`$cloud_vod = new CloudVod;`
2	`$response = $cloud_vod->vod_delete($vod_file["file_id"]);`

CloudVod 类的 vod_delete() 方法在 class_cloud_vod.php 文件中，见代码清单 5-5-6，由 $ext_str 数组构造查询参数，其中关键的参数有 Action=DeleteMedia 和 FileId=$file_id，其他步骤与查询 VOD 文件类似。

代码清单5-5-6　class_cloud_vod.php片段

```
1   // 从腾讯云点播平台上删除文件
2   function vod_delete($file_id) {
3       $ext_str = array(
4                   "Action"=> "DeleteMedia",
5                   "Version"=> "2018-07-17",
6                   "FileId"=> $file_id,
7                   "Timestamp"=>time(),
8                   "Nonce" => rand(),
9                   "SecretId" => CLOUD_VOD_API_SECRET_ID,
10                  );
11      ksort($ext_str);
12      $param = http_build_query($ext_str);
13      $src_str = "GET" . CLOUD_VOD_API_HOST . "/?" . $param;
14      $sign = urlencode(base64_encode(hash_hmac('sha1', $src_str,
    CLOUD_VOD_API_SECRET_KEY, true)));
15      $url = "https://" . CLOUD_VOD_API_HOST . "/?" . $param . "&Signature="
    . $sign;
16      $json = json_decode(file_get_contents($url));
17      return $json;
18  }
```

5.6 DEMO5：SRS 与云直播结合的网站

随着直播频次的增加，使用 DEMO4 可能会遇到新的问题。比如，如果教室里连续安排了不同的直播课，就需要在课间迅速更换推流软件的密钥，这将导致增加人手和工作量。另外，直播推流过早，或者结束后忘记断流，会使回看的视频多出无关的内容，同时也会增加云点播的费用。

DEMO5 主要的功能之一就是推流端无须设置腾讯云推流密钥，改由程序自动带密钥向腾讯云直播推流，这样既方便操作，又保证了推流安全。功能之二就是保证 VOD 文件的定时录制。此外，DEMO5 还可以只对内网直播。

5.6.1 开通云直播

有关开通过程以及注意事项等请参见 DEMO4。

5.6.2 服务器配置

服务器的配置基本上综合了 DEMO3 与 DEMO4，具体如下。

1. SRS 配置

srs.conf 配置文件的内容见代码清单 5-6-1。

代码清单5-6-1 **srs.conf**

```
 1   # main config for srs.
 2   # @see full.conf for detail config.
 3   listen              1935;
 4   max_connections     1000;
 5   srs_log_tank        file;
 6   srs_log_file        ./objs/srs.log;
 7   http_api {
 8       enabled         on;
 9       listen          1985;
10   }
11   http_server {
12       enabled         on;
13       listen          8080;
14       dir             ./objs/nginx/html;
15   }
16   stats {
17       network         0;
18       disk            sda sdb xvda xvdb;
19   }
20   vhost __defaultVhost__ {
21       http_remux {
22           enabled         on;
```

```
23          mount          [vhost]/[app]/[stream].flv;
24          hstrs          on;
25      }
26      hls {
27          enabled          on;
28          hls_fragment      10;
29          hls_window        60;
30          hls_path          ./objs/nginx/html;
31          hls_m3u8_file     [app]/[stream].m3u8;
32          hls_ts_file       [app]/[stream]-[seq].ts;
33      }
34      dvr {
35          enabled              on;
36          dvr_path             /var/www/html/demo5/dvr/[2006]/[01]/[02]/[stream]_
    [15][04][05]_[999].flv;
37          dvr_plan             session;
38          dvr_duration         30;
39          dvr_wait_keyframe    on;
40      }
41      http_hooks {
42          enabled          on;
43          on_dvr           http://127.0.0.1/demo5/callback/on_dvr.php;
44          on_publish       http://127.0.0.1/demo5/callback/on_publish.php;
45      }
46  }
```

在 srs.conf 文件的第 7 ～ 10 行 http_api 设置了开启（enabled on）后，就可以通过如下访问地址获得 srs 的实时运行信息：

http://127.0.0.1:1985

但是如果其他电脑需要访问这个地址，必须要设置防火墙开放 1985 端口。

2.　以 Apache 用户身份启动 SRS

以 Apache 用户身份启动 SRS 的操作同 DEMO3。

3.　安装 FFmpeg

安装 FFmpeg 的操作同 DEMO3。

4.　安装 at 服务

安装 at 服务的操作同 DEMO4。

5.　设置 Apache 用户的运行权限

设置 Apache 用户的运行权限的操作步骤同 DEMO4。

5.6.3　程序安装与使用

DEMO5 的安装方法与 DEMO4 基本相同，假设 Web 服务器的地址是 www.***.cn，首先需要将 DEMO5 的代码上传至服务器，假设所在目录为 demo5，在浏览器中输入地址：

http://www.***.cn/demo5/install

经程序检测正常后，单击【下一步】按钮，进入步骤 2，在 SRS 服务器相关设置部分，填写本地服务器的 IP 地址；在腾讯云直播相关设置部分，填写直播网站域名及各类 API 密钥，如图 5-6-1 所示（图中参数均为虚构），然后按提示完成安装。

图 5-6-1

> **注意**
>
> 　　如果 DEMO5 程序放在其他非 demo5 目录中，那么需要修改 srs.conf 的 dvr_path、on_dvr、on_publish 对应的路径目录名，否则部分功能不能实现。

5.6.4　功能与编程思路简介

DEMO5 在之前的程序基础上增加了直播设备管理、后台任务管理模块，并对 SRS 服务和直播事件管理等模块做了一些修改。主要工作流程见图 5-6-2。

在时间线上，计划的正式直播时间从时间点 2 开始，到时间点 3 结束。在直播时间之前的时间点 1，直播设备由人工手动启动，开始向内网的 SRS 服务器推流。到直播时间点 2，定时任务 1 自动执行一个 ffmpeg 命令，它将 SRS 的视频流转推到云直播服务器。到直播时间结束的时间点 3，定时任务 2 自动启动，它自动终止 ffmpeg 转推流命令。这样直播时间按时开始和结束，同时云直播录制的视频也是准时的。最后在时间点 4，人工手动停止直播设备推流。由此也可以看出，只要直播设备处于推流状态，直播甚至可以一直不停止，实际直播时间由程序决定。如果将电脑设置成开机后自动推流，还可以实现无人值守自动直播。

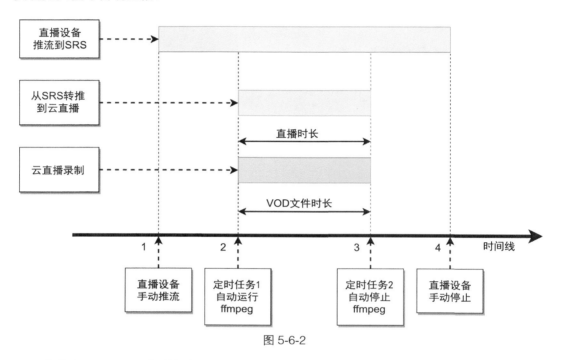

图 5-6-2

为什么 DEMO5 采用这么复杂的方式呢？因为将直播推流改为由 ffmpeg 中转，就可以在 ffmpeg 命令中由程序自动添加推流密钥，无须人工设置推流参数，既省事又安全。下面简单介绍主要涉及的功能与编程思路。

1. SRS 运行状态

当在 SRS 服务器的配置文件 srs.conf 中设置了 http_api，通过访问地址 http://127.0.0.1:1985/api/v1/streams/ 就能得到 JSON 数据，格式化后如下所示：

```
stdClass::__set_state(array(
   'code' => 0,
   'server' => 17346,
   'streams' =>
  array (
   0 =>
   stdClass::__set_state(array(
     'id' => 17348,
     'name' => 'SRS_5DD09086C5743',
     'vhost' => 17347,
     'app' => 'live',
     'live_ms' => 1573968396735,
     'clients' => 1,
     'frames' => 15666,
```

```
      'send_bytes' => 2266934,
      'recv_bytes' => 74083970,
      'kbps' =>
    stdClass::__set_state(array(
       'recv_30s' => 932,
       'send_30s' => 0,
    )),
      'publish' =>
    stdClass::__set_state(array(
       'active' => true,
       'cid' => 124,
    )),
      'video' =>
    stdClass::__set_state(array(
       'codec' => 'H264',
       'profile' => 'High',
       'level' => '3.1',
    )),
      'audio' =>
    stdClass::__set_state(array(
       'codec' => 'AAC',
       'sample_rate' => 44100,
       'channel' => 2,
       'profile' => 'LC',
    )),
    )),
    1 =>
    stdClass::__set_state(array(
      'id' => 17349,
      'name' => 'livestream',
      'vhost' => 17347,
      'app' => 'live',
      'live_ms' => 1573968396735,
      'clients' => 0,
      'frames' => 0,
      'send_bytes' => 4491,
      'recv_bytes' => 748488,
      'kbps' =>
    stdClass::__set_state(array(
       'recv_30s' => 0,
       'send_30s' => 0,
    )),
      'publish' =>
    stdClass::__set_state(array(
       'active' => false,
       'cid' => 130,
    )),
      'video' => NULL,
      'audio' => NULL,
    )),
    ),
  ))
```

　　从示例数据中可以看出当前有 2 个视频流名称，流名称为“SRS_5DD09086C5743”
的属性“'active' => true”，表明此视频流正在推流，“'codec' => 'H264'”显示了它的视频编码类型。另一个流名称（'name' => 'livestream'）则显示了"'active' => false"，表明其曾经推流过，当前并未推流。

类文件 include/class_srs.php 通过 SRS 的 http_api 功能获取 JSON 运行状态数据，其完整内容见代码清单 5-6-2。

```
代码清单5-6-2  class_srs.php
1   <?php
2   class SRS {
3       private $json,$active_stream;
4
5       function __construct(){
6           $data = @file_get_contents("http://". SRS_HTTP_API. "/api/v1/
    streams/");
7           $this->json = json_decode($data);
8       }
9
10      function ActiveStream(){
11          foreach ($this->json->streams as $value){
12              if ($value->publish->active){
13                  $this->active_stream[] = $value->name;
14              }
15          }
16          return $this->active_stream;
17      }
18
19      function Json(){
20          return $this->json;
21      }
22  }
```

SRS 运行状态程序 admin/modules/srs/index.php 通过 JavaScript 的 srs_info() 定时不断请求后台程序 admin/modules/srs/ajax_srs_info.php，获取 SRS 的运行 JSON 数据，从而达到实时显示 SRS 服务器的推流情况（图 5-6-3）。后台程序 ajax_srs_info 的内容见代码清单 5-6-3。

```
代码清单5-6-3  ajax_srs_info.php片段
1   $srs = new SRS;
2   $srs_info = $srs->Json();
```

2. 直播设备管理

直播设备管理功能用来实现 3 个目的：一是设备认证，非登记有效的设备是不能向 SRS 推流的；二是为 ffmpeg 转推到云直播提供流媒体源；三是提供内网直播功能。

DEMO5 将推流终端（如安装在电脑上的 OBS 软件或带推流功能的硬件）定义为设备，专设了 device 表，用于存储直播设备信息，包括设备 ip、流名称（stream_id）、密钥（secret）等。图 5-6-4 为在 phpMyAdmin 中显示的 device 表。

图 5-6-3

图 5-6-4

直播设备管理程序在 admin/modules/device 目录中，原理比较简单，只是常规的数据库的增、删、改操作，流名称（stream_id）和密钥（secret）在新增直播设备时随机生成（图 5-6-5）。

图 5-6-5

推流设备按下面的示例地址向 SRS 推流：

rtmp://192.168.0.10/live/SRS_5DDA27FFB9ABC?s=5dda27ffb9b2

因此会触发 on_publish 事件，SRS 向 callback/on_publish.php 发送 JSON 数据，on_publish.php 解码出流名称（$stream_id = SRS_5DDA27FFB9ABC）、密钥（$user_secret = 5dda27ffb9b2）及 IP，再与设备表进行查证，符合条件就返回字符"0"，on_publish.php 的完整代码见代码清单 5-6-4。

```php
代码清单5-6-4　on_publish.php
1   <?php
2   define("_DAQING_DESIGN", 1);
3   require_once ("../include/common.php");
4   if ($_SERVER['REMOTE_ADDR'] !== "127.0.0.1"){
5       exit("只允许服务器本机访问此地址");
6   }
7   $json = json_decode(file_get_contents("php://input")); // 解析json流
8   $stream_id = $json->stream;
9   $ip = $json->ip;
10  $app = $json->app;
11  parse_str($json->param, $output); // 解析推流密钥的参数
12  $user_secret = $output["?s"]; // 用户推流提交的密钥
13  // 如果app不符则退出
14  if ($app != LIVE_APP){
15      exit("APP名称不对");
16  }
17  // 按stream_id查找预存的推流设备
18  $dev =  new Device;
19  $dev_info = $dev->Search($stream_id);
20  // 如果没有找到该stream_id则退出
21  if (empty($dev_info)){
22      exit("设备未登记");
23  }
24  // 如果设备设置了ip，意味着需要对推流设备进行ip认证
25  if ($dev_info['ip']>0){
26      if ($ip != long2ip($dev_info['ip'])) {
27          exit("设备IP不在允许之列");
28      }
29  }
30  // 如果user_secret与预存不一致，也退出
31  if ($dev_info['secret'] != $user_secret ){
32      exit("密钥不正确");
33  }
34  // 以上都正确后，返回0，srs服务器接收到0后，就允许推流
35  exit("0");
```

设备设置固定的 SRS 推流密钥，每次在直播时间前直接推流即可。这对于类似学校这样的单位来说，也有特别意义，因为它们的电脑往往装有还原卡，即便推流密钥被改

动，但重新启动电脑后就会恢复如初。

另外，直播设备管理的浏览程序 admin/modules/device/browse.php 从 SRS 服务器获取设备正在推流的流名称数组 $active_stream，见代码清单 5-6-5（ActiveStream() 方法详见代码清单 5-6-2）。

代码清单5-6-5 **browse.php**片段
1   `$srs = new SRS;`
2   `$active_stream = $srs->ActiveStream();`

并对设备的流名称进行检查，如代码清单 5-6-6 所示。

代码清单5-6-6 **browse.php**片段
1   `<?php if (@in_array($value['stream_id'],$active_stream)){ ?>`
2   `<img alt="正在推流" src='images/live.gif' width='24px' />`
3   `<?php } else { ?>`
4   `<img alt="无推流" src='images/stop.png' width='24px' />`
5   `<?php } ?>`

对于正在推流的设备显示图标 ▶，对于没有推流的设备则显示图标 ▣（图 5-6-6）。

图 5-6-6

如果需要在内网播放，可以直接单击"在新窗口打开"（图 5-6-7），或者复制地址分享给他人。

3. 后台任务管理

DEMO5 使用 ffmpeg 定时自动转推流，为了对这些后台任务进行管理，必须解决如何创建、查询、删除、停止定时任务，以及如何查询、停止正在执行的进程。DEMO5将这些操作都写在类 BackTask 中（位于 class_back_task.php），见代码清单 5-6-7。

图 5-6-7

代码清单5-6-7　`class_back_task.php`

```php
<?php
class BackTask {
    private $job_list;
    public function __construct(){
        exec("atq",$output); // 使用linux atq查询所有计划任务
        $jobs = array();
        if (!empty($output)){
            foreach ($output as $value){
                $value = str_replace("\t", ' ', $value);
                $str = preg_replace('/\s(?=\s)/', '', $value);
                $ary = explode(" ", $value);
                $num = count($ary);
                $job_id = $ary[0];
                $job_status = $ary[$num-2];
                $job_user = $ary[$num-1];
                $str_time = "";
                for($i=1;$i<$num-2;$i++){
                    $str_time .= $ary[$i]." ";
                }
                $cmd = $this->JobQuery($job_id);
                if (!empty($cmd)){
                    $jobs[$job_id]["job_id"] = $job_id;
                    $jobs[$job_id]["run_time"] = strtotime($str_time);
                    $jobs[$job_id]["job_status"] = $job_status;
                    $jobs[$job_id]["job_user"] = $job_user;
                    $jobs[$job_id]["command"] = $this->JobQuery($job_id);
```

```
27                        }
28                    }
29                }
30            $this->job_list = $jobs;
31        }
32        // 按job的ID删除一个Job
33        public function JobDelete($job_id){
34            exec("atrm ".$job_id, $output);
35            return $output;
36        }
37        // 创建定时任务，参数为时间戳和命令行
38        public function JobCreate($timestamp,$cmd){
39            $timestamp = intval($timestamp);
40            $cmd = trim($cmd);
41            $temp_file = tempnam(sys_get_temp_dir(), 'at_command_');
42            file_put_contents($temp_file,$cmd);
43            $job = "at -f ".$temp_file ." ". date("G:i",$timestamp) ." ".
   date("m/d/Y",$timestamp);
44            exec($job);
45            unlink($temp_file);
46        }
47        // 按job的ID查询一个Job，返回job的原始命令
48        public function JobQuery($id){
49            $cmd = "";
50            $job_id = intval($id);
51            exec("at -c {$job_id}",$output);
52            if (!empty($output)) $cmd = $output[count($output)-2];
53            return $cmd;
54        }
55        //查询所有计划任务列表
56        public function JobList(){
57            return $this->job_list;
58        }
59        //按关键词查询计划任务
60        public function JobSearch($keyword=array()){
61            $jobs = array();
62            // 遍历所有任务
63            foreach ( $this->job_list as $key => $value){
64                $cmd = $value['command'];
65                // 遍历所有关键词，查找其在cmd中是否存在
66                $n = count($keyword);
67                foreach ($keyword as $str){
68                    if(strpos($cmd,$str) !== false){
69                        $n--;
70                    }
71                }
72                if ($n == 0){ // $n=0说明每个关键词都能找到
73                    $jobs[] = $value;
74                }
```

```
75                  }
76              return $jobs;
77          }
78          // 按关键词查询所有运行的进程
79          public function PidList($keyword){
80              $output = "";
81              exec("ps -ef |grep '{$keyword}' ",$output);
82              $pid_list = array();
83              for ($i=0;$i < count($output) -2; $i++){
84                  $str = preg_replace('/\s(?=\s)/', '', $output[$i]);
85                  $explode = explode(" ",$str);
86                  $pid_list[] = array(
87                                  "pid" => $explode[1],
88                                  "command" => $str,
89                              );
90              }
91              return $pid_list;
92          }
93          // 按PID删除
94          public function PidDelete($pid){
95              exec("kill ".$pid, $output);
96              return $output;
97          }
98      }
```

（1）创建定时任务

下面是将 SRS 视频流转推到云直播的 ffmpeg 命令示例：

```
/usr/local/bin/ffmpeg -i rtmp://10.2.6.100/live/SRS_5DDB83F32BF3C
-vcodec copy -acodec copy -f flv -y
'rtmp://livepush.***.cn/live/5ddb8414657b0?

txSecret=6b392bc136b9ebc1124d20e5cb9ce606&txTime=5DDB9810
```

如果要在 2019 年 11 月 25 日 16 点整执行上述转推流命令，那么首先将其保存到脚本 abcd.sh 文件中，然后使用如下 at 命令：

```
at -f abcd.sh 16:00 11/25/2019
```

代码清单 5-6-7 中的 JobCreate($timestamp,$cmd) 用来创建定时任务。

（2）查询定时任务

使用 atq 命令可以查询所有的定时任务。下面是以 Apache 用户身份查到的结果示例，左起第一列为任务 ID 号，最后一列为任务所属用户，倒数第二列为优先级，如果是 "=" 则代表正在运行中。

```
[root@localhost szdd]# sudo -u apache atq
144     Fri Nov 15 15:24:00 2019 a apache
145     Fri Nov 15 15:24:00 2019 a apache
146     Fri Nov 15 15:26:00 2019 a apache
147     Fri Nov 15 15:26:00 2019 a apache
```

```
148     Fri Nov 15 15:26:00 2019 a apache
149     Fri Nov 15 15:26:00 2019 a apache
150     Fri Nov 15 15:26:00 2019 a apache
151     Fri Nov 15 15:26:00 2019 a apache
220     Mon Nov 25 16:04:00 2019 = apache
222     Tue Nov 26 18:59:00 2019 a apache
223     Tue Nov 26 20:05:00 2019 a apache
```

上述结果并不能显示每个任务的具体命令内容，如果需要查看第 220 号任务的详情，
需要使用如下命令：

```
at -c 220
```

查得的结果示例如下：

```
1   #!/bin/sh
2   # atrun uid=48 gid=48
3   # mail apache 0
4   umask 22
5   PATH=/usr/local/sbin:/usr/local/bin:/usr/sbin:/usr/bin; export PATH
6   PWD=/var/www/html/demo5/admin/modules/event; export PWD
7   LANG=C; export LANG
8   NOTIFY_SOCKET=/run/systemd/notify; export NOTIFY_SOCKET
9   SHLVL=1; export SHLVL
10  cd /var/www/html/demo5/admin/modules/event || {
11          echo 'Execution directory inaccessible' >&2
12          exit 1
13  }
14  ${SHELL:-/bin/sh} << 'marcinDELIMITER366dd2a8'
15  /usr/local/bin/ffmpeg -i rtmp://10.2.6.100/live/SRS_5DDB83F32BF3C
    -vcodec copy -acodec copy -f flv -y
    'rtmp://livepush.***.cn/live/5ddb8414657b0?
    txSecret=6b392bc136b9ebc1124d20e5cb9ce606&txTime=5DDB9810'
16  marcinDELIMITER366dd2a8
```

从上面的结果中可以看出，倒数第二行（即第 15 行，由于排版原因折为多行，实际
应是 1 行）的内容就是实际命令的内容——ffmpeg 转推流命令。

提示

我们在终端登录，输入 atq 命令是看不到上述定时任务的，因为那些定时任务是以
Apache 用户身份创建的。需要切换到 root 用户，再使用"sudo -u apache atq"命令，以
Apache 用户身份执行 atq，就能查询 Apache 用户的定时任务了。

代码清单 5-6-7 中的 JobList() 用来查询所有定时任务，JobQuery($id) 按任务号查询，
JobSearch($keyword=array()) 按关键词查询。

（3）删除定时任务

如果要删除指定的定时任务，使用如下命令：

```
atm 220
```

代码清单 5-6-7 中的 JobDelete($job_id) 就是用来删除定时任务的。

（4）停止正在执行的任务

如果定时任务已经执行了，就可以查到相关程序的进程，停止该进程实际上也终止了 at 的任务。

（5）查询进程

使用下列命令可以查询所有包含"ffmpeg"关键词的进程：

```
ps -ef | grep 'ffmpeg'
```

如果要精确查询特定直播事件的转推命令，那么就将关键词改为完整的推流命令。

代码清单 5-6-7 中的 PidList($keyword) 输出查询的进程号 PID 和转推命令。

（6）停止进程

假设某 ffmpeg 转推流进程号为 31549，那么停止该进程的命令如下：

```
kill 31549
```

代码清单 5-6-7 中的 PidDelete($pid) 用于停止进程。

后台任务管理程序显示页面如图 5-6-8 所示，程序文件为 /admin/modules/task/browse.php。

图 5-6-8

如果要删除定时任务，单击图 5-6-8 中右边的"删除"图标⊗，就能通过 JavaScript 触发后台程序"modules/task/ajax_delete_job.php"，最终调用代码清单 5-6-7 中的 JobDelete($job_id) 删除定时任务。

如果需要停止正在执行的 ffmpeg 任务，单击图 5-6-8 中 ffmpeg 任务表格右边的图标❌，会通过 JavaScript 触发 admin/modules/task/ajax_delete_job.php 程序，最终调用 PidDelete($pid) 终止该进程。

4. 直播事件管理

直播事件 event 表中新增了 dev_id 字段，与 device 的 dev_id 关联。新增或修改直播事件，需要选择地点（设备）（图 5-6-9）。

图 5-6-9

提交保存信息时，将调用 admin/modules/event/ajax_event_new_save.php 程序，除了将直播事件名称、地点、时间等信息存储，还需要创建 2 个定时任务。

任务 1 是由 ffmpeg 将本地直播视频流转推到远程云直播服务器。代码清单 5-6-8 位于程序 admin/modules/event/ajax_event_new_save.php 中，它创建一个定时任务，时间是开始直播前 1 分钟。

```
代码清单5-6-8  ajax_event_new_save.php片段
1  $cmd = "/usr/local/bin/ffmpeg -i {$source} -vcodec copy -acodec copy -f flv
   -y '{$target}'";
2  $task->JobCreate($data['open_time']-60,$cmd);
```

$cmd 命令的实际内容类似下面（因排版原因折成多行，实际应该是 1 行），参数"-vcodec copy -acodec copy"的意思是仅复制输入的视频和音频流，而不是重新压缩：

```
/usr/local/bin/ffmpeg -i rtmp://192.168.0.10/live/SRS_5DDA27FFBADCD
-vcodec copy -acodec copy -f flv -y
'rtmp://livepush.***.cn/live/5dda28019fec4?txSecret=367aaeefa605db93903b1ba98869
c734&txTime=5DDBDE60'
```

任务 2 是在直播结束时间（考虑直播结束时间可能会拖延，设置了 LIVE_TIME_STANDBY 参数）将 ffmpeg 的转推流命令结束，见代码清单 5-6-9，使用组合命令按推流参数查询 PID，然后使用 kill 将任务 1 的进程结束。

代码清单5-6-9 `ajax_event_new_save.php`片段

```
1  // 创建停止ffmpeg的任务
2  $cmd = "kill $(ps aux | grep '{$push_param}' | awk '{print $2}')";
3  $task->JobCreate($data['close_time'] + LIVE_TIME_STANDBY * 60,$cmd);
```

$cmd 命令示例如下，密钥参数应该与任务 1 相符。

```
kill $(ps aux
| grep '5dda28019fec4?txSecret=367aaeefa605db93903b1ba98869c734&txTime=5DDBDE60'
| awk '{print $2}')
```

5. 直播事件详情状态

为了监控直播事件，admin/modules/event/view.php 程序增加了显示相关的定时任务状态，由于每个直播事件的流名称都是唯一的，因此用 JobSearch($keyword) 就可以查询到该直播事件是否存在定时任务，并用 $task->PidList($event_info['stream_id']) 查询到有无正在运行的相关进程，单击图标✅、▶、➖可直观地显示出状态。另外，如果各类任务被结束，就显示一个可以手动开始的按钮，单击按钮就可以通过 JavaScript 调用后台程序 admin/modules/event/ajax_job_set.php，手动创建定时任务或直接立即推流。（图 5-6-10）。

图 5-6-10

在直播事件详情页，还保留了云直播的推流密钥，如有需要，可手动向云直播推流。

为了监视内网 SRS 服务器与外网腾讯云直播的视频流，设置了 2 个预览窗口，由于从内网转推到外网存在延时，因此 2 个预览视频存在时间差（图 5-6-11）。

图 5-6-11

第 **6** 章

综合直播应用案例

本章针对远程教学、典礼活动、会议讲座等常见的应用场景，整理了若干综合直播应用案例，所使用的软件以开源、免费为主，硬件以廉价、普及和通用为首选，因此，具有较高的性价比与可操作性。

下面先列出视频直播常见规格的参数建议，在案例中，请读者综合用途、带宽等条件参考选用。

6.1 视频直播常见规格的参数建议

1. 直播输出参数

目前直播流媒体服务器一般都使用 H.264 编码，音频使用 AAC。本章介绍的案例输出视频也都使用 H.264。输出视频规格与主流视频网站相近，参数建议如表 6-1-1 所示。

表 6-1-1

序号	规格名称	分辨率		帧率	码率Kbit/s		编码		用途
		宽×高		fps	视频	音频	视频	音频	
1	1080P	1920×1080		25	2000	160	H.264	AAC	软件操作类教学、其他通用
2	超清	1280×720		25	900	128	H.264	AAC	会议、讲座、一般教学等
3	高清	960×540		25	500	96	H.264	AAC	
4	标清	768×432		25	320	64	H.264	AAC	
5	教学	1366×768		25	1000	128	H.264	AAC	软件操作类教学专用

表中序号 1 ~ 4 的规格与主流视频网站规格类似，序号 5 的规格为电脑教学专用，下面会具体介绍。

2. 录制参数

如果在直播的同时也录制视频，建议选用更高的码率和分辨率录制视频（参见本书 3.2.5 小节），至少也不要低于直播的分辨率，而码率选取直播的 3 倍以上，这样编辑输出后，画质没有明显劣化。

例如，信号源分辨率是全高清 1920×1080，直播输出流分辨率和码率是 960×540 和

500Kbit/s，那么录制分辨率最好选 1080P 和 6000Kbit/s，最低选 960×540 和 1500Kbit/s。

根据信号源的分辨率不同，所对应的录制参数建议如表 6-1-2 所示。

表 6-1-2

序号	规格名称	分辨率	帧率	码率Kbit/s		编码		备注
		宽×高	fps	视频	音频	视频	音频	
1	1080P	1920×1080	25	6000	320	H.264	AAC	推荐使用
2	超清	1280×720	25	2700	320	H.264	AAC	
3	高清	960×540	25	1500	320			
4	标清	768×432	25	960	320			
5	教学	1366×768	25	3000	320			

3. 摄像机分辨率

摄像机分辨率尽可能地设置为 1920×1080，在捕获设备与电脑 CPU 允许的情况下，设置为超高清 4K 可供 OBS 剪裁使用。

4. 视频图像素材

直播所用视频素材尽可能与摄像机一致，比如 1920×1080，而静态图像素材分辨率最好不低于 1920×1080，这样图像可避免放大而造成模糊。

5. 电脑桌面分辨率

如果需要直播电脑桌面，那么桌面的分辨率最好符合直播输出的比例，比如直播的视频是 1920×1080 的 16：9 比例，那么桌面分辨率就不要使用 1024×768，可使用 1366×768。桌面分辨率建议如表 6-1-3 所示。

表 6-1-3

序号	桌面分辨率	最适用场合
1	1920×1080	图像视频播放、PPT 展示
2	1366×768	电脑软件操作演示

如果电脑桌面用于播放图像、视频以及 PPT 展示等，分辨率可设置为 1920×1080，这样图像不会缩放，会保留原有清晰度。

如果电脑桌面用于软件的教学操作等类似应用，最好能调低显示器的分辨率，使得菜单界面文字显示得大一些。

如果将电脑桌面调小到 1280×720，很多软件的对话窗口都超出显示器底部，导致无法正常使用。而 1366×768 则是一个比较合适的分辨率，因为它与经典的 XVGA 1024×768 高度相同，绝大多数软件都可以在此分辨率下正常使用。

图 6-1-1 是一个 Adobe AE 教学视频输出模拟截图，演示了在不同分辨率的桌面上运行软件的对比效果，图中左边桌面的分辨率是 1920×1080，右边桌面的分辨率是 1366×768，圆圈中是各自局部放大的情况。由图可见，左边的界面文字难以辨认，右边

的则可以辨认。

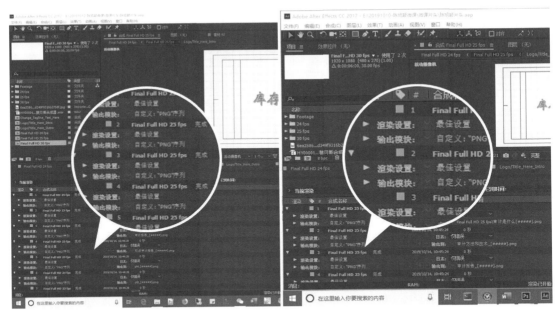

图 6-1-1

6.2 使用 USB 摄像头和 OBS 的直播

USB 摄像头是一个很常见的即插即用的视频设备，一般不需要额外安装驱动就能使用。它将感光器件接收的视频影像直接进行数字化处理，通过 USB 接口传输到电脑，因而图像质量不错。早期的 USB 摄像头分辨率比较低，现在 USB 摄像头已经支持 1080P 全高清甚至 4K 分辨率了，还有些 USB 摄像头专为视频会议设计，带有变焦及云台功能。本案例概述见表 6-2-1。

表 6-2-1

适用场景	适合个人教学、才艺秀等直播
功能特点	单个摄像头机位，配置简单
主要硬件	1 台用来推流的电脑（可布置在教室之外的其他地方）； 1 个 USB 摄像头（如用笔记本电脑则可省去）
主要软件	OBS Studio
操作人员	不需要其他人，由演讲者自己操作

笔记本电脑内置摄像头完全适用于本节的硬件要求。

首先要确保 USB 摄像头已经安装完毕，在 Windows 设备管理器中，可以看到"照相机"设备下的摄像头型号，并且无错误提示（图 6-2-1）。

图 6-2-1

6.2.1 新建 OBS 场景集合

运行 OBS 后，单击主菜单"场景集合→新建"，输入场景集合名称，比如"个人直播 obs"，再单击主菜单"配置文件→新建"，输入新的配置名如"个人直播 obs 的配置"，这样做的目的是不覆盖之前的场景集合设置（图 6-2-2）。

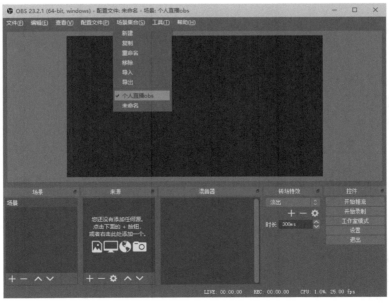

图 6-2-2

6.2.2 设置摄像头参数

单击工具栏"来源"下边的【+】图标，弹出菜单，单击其中的"视频捕获设备"（图 6-2-3）。

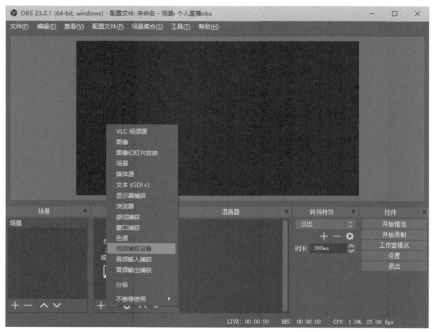

图 6-2-3

弹出"创建或选择源"窗口，单击【确定】按钮（图 6-2-4）。

这时会弹出"属性'视频捕获设备'"窗口，正常情况下，在"设备"栏会显示摄像头的名称，与设备管理器中显示的相同，此时应该有图像。摄像头的主要参数如下。

图 6-2-4

- **配置视频**：单击【配置视频】按钮，打开"属性"窗口，可以调整亮度、对比度等参数（图6-2-5左），单击"相机控制"选项（图6-2-5右），对于某些摄像头，还可以进行缩放操作（即变焦）。

- **配置 Crossbar**：如果是带有多种类型输入端的单路采集卡设备，单击【配置 Crossbar】按钮进入设置，可能会有选择端口的设置，但一般USB摄像头不具备这个功能。

- **分辨率/帧率类型**：有些摄像头支持多种分辨率，但"设备默认"输出的却是比较低的分辨率。可以尝试选择"自定义",然后观察是否可以选择其他分辨率。

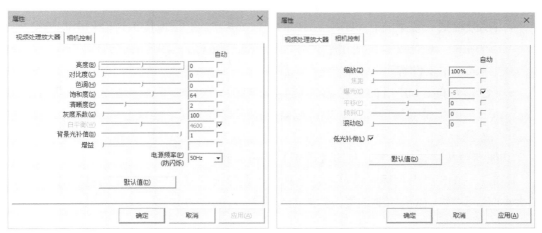

图 6-2-5

- **分辨率**:将"分辨率/帧率 类型"改为"自定义"后,这里一般就可以选择不同的分辨率了,旧摄像头可能只有 320×240 和 640×480,新的摄像头可能会有 1280×720、1920×1080 甚至更高的规格(图 6-2-6)。

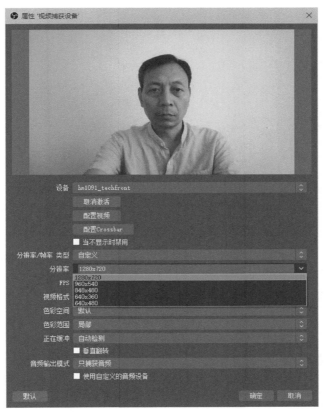

图 6-2-6

- **FPS**：摄像头大都按美国标准 NTSC 的帧率设计。如果可选，建议选择 25 帧/秒（我国标准 PAL 制），否则按默认。

- **视频格式**：常见的有 YUV、MJPEG、H.264 等，这是摄像头传输到电脑的视频编码格式。对着摄像头摆摆手，可以看到选 H.264 后，图像有点延时，而选择其他格式基本上没有延时。

- **色彩空间**：601 指的是色彩编码标准 BT601，主要用于标清电视标准；而 709（BT709）是高清的标准，以肉眼观察两者稍有不同。建议选"默认值"，由软件决定。

其他参数按默认值不变，单击【确定】按钮回到主界面。

然后在 OBS 中用鼠标右键单击预览画面，在弹出的菜单中单击"调整输出大小（到源大小）"，这样可以快速地设置视频源的分辨率（图 6-2-7）。

图 6-2-7

6.2.3 设置推流地址

进入 OBS 设置的"推流"项，页面右边的参数按下述设置（图 6-2-8）。

- **服务**：预置的地址是国外网络公司对公众开放的流媒体服务器地址，这里用不上，故选"自定义..."。

- **服务器**：填写自建的流媒体服务器 IP 地址或域名，如 rtmp://192.168.0.10/live。

- **串流密钥**：填写流名称，如 livestream，可单击【显示】或【隐藏】按钮来确认密钥是否填写错误。

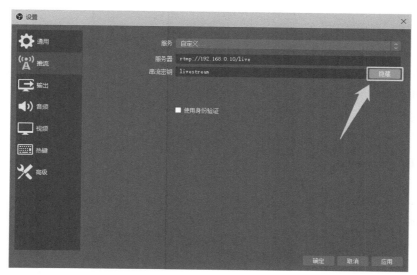

图 6-2-8

6.2.4 设置输出

单击 OBS "设置"左边的菜单"输出",然后设置输出参数（图 6-2-9）。

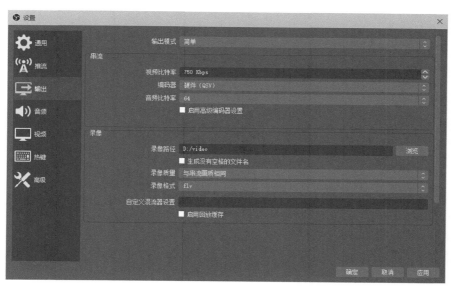

图 6-2-9

- **视频比特率**：可参考表6-1-1选用，如1280×720的分辨率可选视频码率900 Kbit/s，对于固定背景，人物大多是坐着说话的场景，码率还可以适当降低，如750Kbit/s。

- **编码器**：如果电脑上安装有较新的NVIDIA芯片（一般GTX960以上）的显卡，可能会有"硬件NVENC"这个硬件加速的编码器选项。如果使用比较新的Intel核显芯片，则可能有"硬件（QSV）"编码器选项。选择硬件加速编码器，可以降低CPU利用率。如果没有任何硬件编码器，就只能选用"软件（x264）"编码器了。
- **音频比特率**：如果是语言类个人直播，可以选64（图6-2-9中音频比特率单位为Kbit/s）；如果直播内容对音质要求较高，如演奏、歌唱，可以使用160（Kbit/s）甚至更高。

6.2.5　设置视频

OBS"设置"里的"视频"项，按下列方式设置。

- **基础（Canvas）分辨率**：在图6-2-7中右键单击主界面，如果选的菜单项是"调整输出大小（到源大小）"，就会自动将"基础（Canvas）分辨率"设置到摄像头的最大分辨率，如果分辨率不合适，也可以在此手动设置。
- **输出（缩放）分辨率**：与基础分辨率相同或根据需要调低，太高则没有意义。

6.2.6　设置话筒

作为个人教学直播，话筒必不可少。台式机大多没有内置麦克风，注意检查"混音器"，如果看不到电平表的跳动显示，那么直播的视频应该没有声音（图6-2-10）。

图 6-2-10

大部分台式机都没有内置麦克风，可使用 USB 摄像头内置的麦克风。进入 OBS "音频"设置界面，在界面右边的"麦克风 / 辅助音频设备"下拉菜单中，选择 USB 摄像头所带麦克风（图 6-2-11）。

这时候对着 USB 摄像头说话，在"混音器"中，可以看到"麦克风 /Aux"的信号有跳动变化（图 6-2-12）。

麦克风音量大小很重要！怎样才算合适呢？主要看混音器中的音量显示，以跳动幅度尽可能大，大部分时间在黄色区域跳动，偶尔冲到红色区域，但最大不要超过 0 为宜。

如果看到始终超出红色区域，那么最终听到的声音将是浑浊不清的。

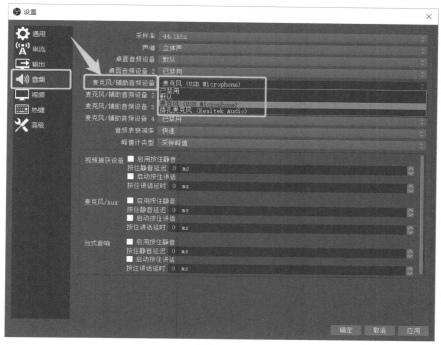

图 6-2-11

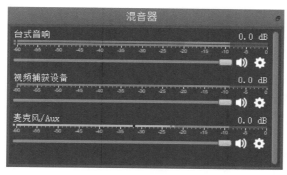

图 6-2-12

> **注意**
>
> 　　监听直播声音的效果时，请使用另外的终端，在推流电脑上监听直播的声音需要慎重，否则播放的音频信号可能再次进入推流音频，造成直播时声音重叠甚至自激。

6.2.7　直播操作

　　设置好以上参数后回到 OBS 主界面，单击【开始推流】按钮即可直播，再单击【停止推流】按钮结束直播。直播时，在软件界面右下角可见绿色的方块"■"以及码率提示。

6.3　使用 USB 摄像头和 FFmpeg 的直播

本案例使用 FFmpeg 捕获摄像头音频视频，并推流至服务器。使用批处理脚本，双击运行即开始直播，使用起来特别轻便，案例概述如表 6-3-1 所示。

表 6-3-1

适用场景	适合个人教学、才艺秀等直播
功能特点	单个摄像头机位，配置简单
主要硬件	1 台用来推流的电脑（可布置在教室之外的其他地方）； 1 个 USB 摄像头（如用笔记本电脑则可省去）
主要软件	FFmpeg Windows 版本
操作人员	不需要其他人，由演讲者自己操作

6.3.1　获取视频与音频设备名称

首先要确保 USB 摄像头已经安装完毕。关于 Windows 版本的 FFmpeg 软件的下载安装，请查看 4.2.1 小节的介绍。

使用 FFmpeg 采集摄像头音频视频并进行直播的基本命令格式如下：

```
ffmpeg -f dshow -i video=视频设备:audio=音频设备 -f flv 推流地址
```

如何获取视频设备与音频设备呢？可以用 ffmpeg 命令查询。在命令提示符窗口输入命令：

```
ffmpeg -list_devices true -f dshow -i dummy
```

就会显示音频视频设备名称，比如视频设备名为 "USB Camera"。但是，对于包含中文的音频设备 DirectShow audio devices，会显示乱码（图 6-3-1）。

图 6-3-1

那么上述乱码的原始中文到底是什么呢？右键单击 Windows 任务栏右边的小喇叭图标，打开声音设置窗口，单击 "录制" 标签，可以看到录制设备，上述乱码就是对应的 "麦克风（USB Microphone）"（图 6-3-2，左为 Windows 7、右为 Windows 10）。

如果操作系统是 Windows 10，可以用 chcp 命令切换代码页到 UTF：

```
chcp 65001
```

图 6-3-2

再输入 ffmpeg 命令，格式如下：

```
ffmpeg -list_devices true -f dshow -i dummy
```

中文设备名称就显示正常，无乱码了（图 6-3-3）。

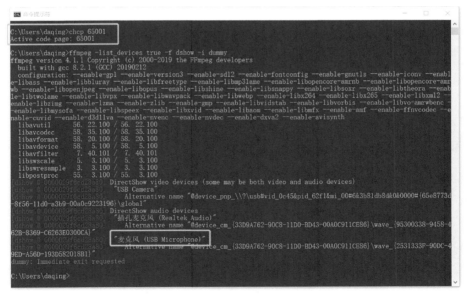

图 6-3-3

6.3.2 创建批处理文件

对于简体中文版的操作系统 Windows 7 和 Windows 10 而言，如果音频视频设备名称含有中文的话，批处理文件的写法稍有不同，主要是文本的编码类型区别——这曾使笔者困扰一时，下面分别介绍不同的对策。

1. 在 Windows 7 系统下创建

在 Windows 7 系统下，在 Windows 记事本 Notepad 中输入代码清单 6-3-1 中的脚本。

```
代码清单6-3-1   cap4camera.bat
1  set v="USB Camera"
2  set a="麦克风 (USB Microphone)"
3  set url="rtmp://10.2.5.100/live/livestream"
4  ffmpeg -f dshow -i video=%v%:audio=%a% -vcodec libx264 -acodec aac -f flv %url%
5  pause
```

"set v="和"set a="分别设置了变量 v 和 a，变量后面双引号里的字符串就是用 ffmpeg 查询的视频设备与麦克风设备的标准名称，请把它们改成自己的设备名。"set url="后面双引号里面的地址是完整推流地址，即便它很长也不要折行。

最后一行"pause"为暂停命令，仅用于调试。当脚本运行出现错误时，暂停命令让命令行窗口不会自动关闭，以便我们可以看到出错提示。

将代码清单 6-3-1 中的内容保存为 cap4camera.bat 文件（图 6-3-4），默认的文本编码就是 ANSI。

图 6-3-4

双击批处理文件 cap4camera.bat 就开始推流直播，关闭这个窗口就停止直播（图 6-3-5）。

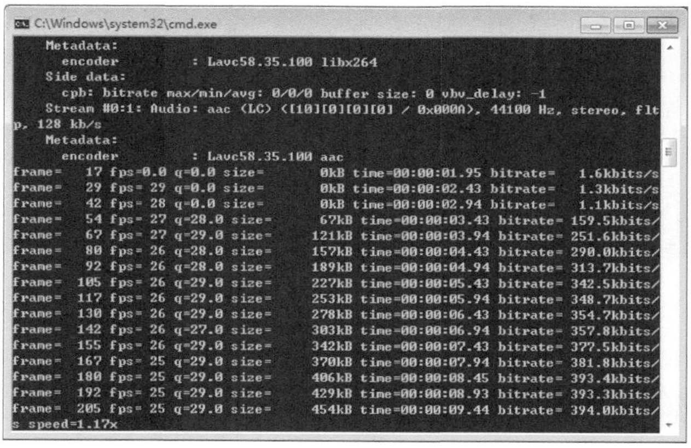

图 6-3-5

2. 在 Windows 10 系统下创建

如果把在 Windows 7 下可以正常运行的批处理文件放到 Windows 10 下运行，会提示找不到音频设备（图 6-3-6）。

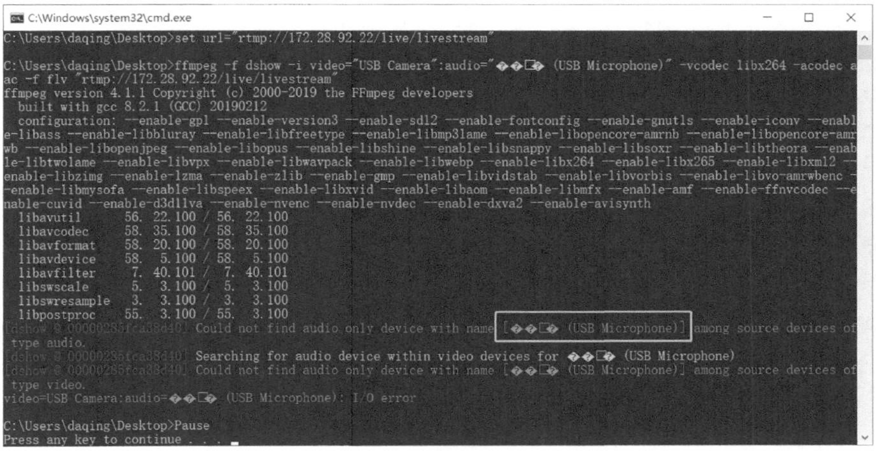

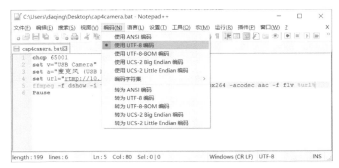

图 6-3-6

将批处理文本编码改为 UTF-8，并在批处理脚本第一行用 chcp 65001 命令设置环境为 UTF-8，即可解决。

完整脚本见代码清单 6-3-2（变量 v、a、url 请根据实际情况而定）。

代码清单6-3-2 **cap4camera.bat**

```
1  chcp 65001
2  set v="USB Camera"
3  set a="麦克风 (USB Microphone)"
4  set url="rtmp://10.2.5.100/live/livestream"
5  ffmpeg -f dshow -i video=%v%:audio=%a% -vcodec libx264 -acodec aac -f flv %url%
6  pause
```

推荐用 Notepad++ 之类的编辑器，并在菜单"编码"中设置"使用 UTF-8 编码"（图 6-3-7），切记不要选"使用 UTF-8-BOM 编码"。如果当前已经选用了 ANSI 编码，可以使用菜单"编码→转为 UTF-8 编码"。

图 6-3-7

经过上述修改，使用 UTF-8 编码的批处理脚本文件就能正常推流了（图 6-3-8）。

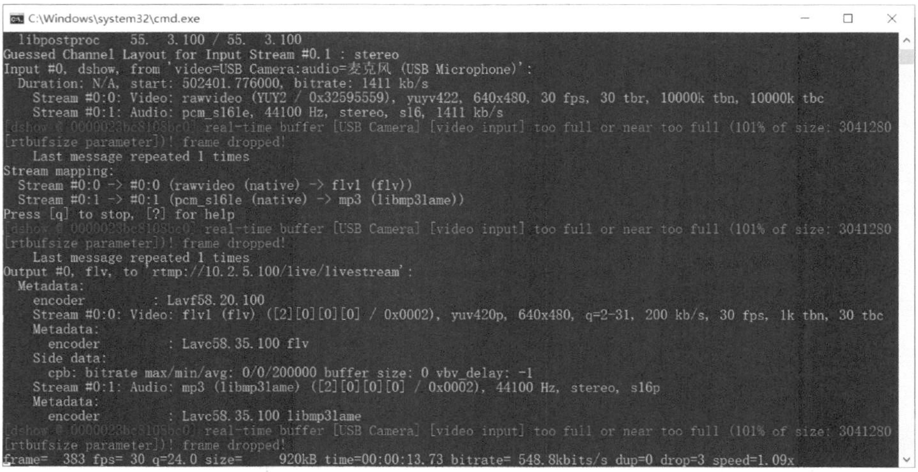

图 6-3-8

可用浏览器打开直播页面进行测试，也可以用 FFmpeg 套件里的 ffplay 命令检验直播流媒体，输入如下命令（请将地址更换为自己的直播地址）：

```
ffplay rtmp://10.2.5.100/live/livestream
```

这时就会打开一个窗口，播放直播画面（图 6-3-9）。

图 6-3-9

可能有人注意到，Windows 记事本也支持 UTF-8 编码（图 6-3-10）。

如果使用记事本将代码清单 6-3-2 保存为 UTF-8 编码，那么运行这个批处理文件时会出错（图 6-3-11）。

请仔细看命令提示符窗口的前三行：

```
锘縺hcp 65001
'锘縺hcp'不是内部或外部命令，也不是可运行的程序
或批处理文件。
```

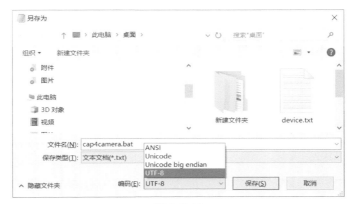

图 6-3-10

图 6-3-11

原来 Windows 记事本另存的 UTF 编码是所谓的"UTF-BOM 编码",它在文件头附加一个二进制标识,这个标识附加到 chcp 65001 命令前,使它变成了无效命令——"锘縞 hcp 65001",导致运行错误。

如果执意要使用 Windows 的记事本创建这个 UTF-BOM 编码的批处理文件,那么可以采用下面变通的办法,即在第一行按【回车】键输入一个空行,让 chcp 65001 成为第二行(图 6-3-12)。

图 6-3-12

完整的批处理脚本见代码清单 6-3-3。

```
代码清单6-3-3  cap4camera.bat
1
2   chcp 65001
3   set v="USB Camera"
4   set a="麦克风 (USB Microphone)"
5   set url="rtmp://10.2.5.100/live/livestream"
6   ffmpeg -f dshow -i video=%v%:audio=%a% -vcodec libx264 -acodec aac -b:v 500k
    -b:a 64k -f flv %url%
7   pause
```

这样在运行的时候，第一行的命令虽然执行出错，但不会影响第二行的 chcp 65001，因而这个批处理文件可以正常推流。

6.3.3　直播操作

如前所述，双击 cap4camera.bat 文件即可开始推流直播。

6.4　使用专业摄像机和采集卡的直播

本节所指的专业摄像机包括各类广播级摄像机、专业级摄像机、家用摄像机以及带视频拍摄功能的数码相机等，与 USB 摄像头相比，专业摄像机具有更大面积的感光器件以及更好的光学变焦功能等。

在对近景人像取景时，USB 摄像头通常只有固定的广角，与人的距离比较近，由于近距离透视畸变的关系，人脸往往会变得圆而胖，这是爱美的俊男靓女最不愿意看到的。而摄像机则可以布置在较远的距离，调整变焦到同样景别（与广角的摄像头同样的近景），人像无明显变形，图 6-4-1 中左图为摄像头实拍景完整截图，右图为摄像机距离约 2.5 米远的实拍完整截图。

图 6-4-1

因此，使用专业摄像机配合采集卡能取得更好的直播效果。案例概述如表 6-4-1 所示。

表 6-4-1

适用场景	适合个人教学、才艺秀等直播
功能特点	单个摄像机机位，配置简单
主要硬件	1 台用来推流的电脑（可布置在教室之外的其他地方） 1 台专业摄像机 1 块视频采集卡
主要软件	OBS Studio
操作人员	不需要其他人，由演讲者自己操作

6.4.1 摄像机

如果要新购摄像机，当然是选择高清摄像机甚至 4K 摄像机（图 6-4-2），除了尽可能选大尺寸的感光器件，做直播最需要考虑的可能就是音视频输出接口了。首选带有 HD-SDI 的输出接口，如果没有 SDI，那么至少要有 HDMI 接口。可能的话，再有一个以太网口就更好了。这个网口有什么用呢？后面的章节将介绍。

HD-SDI 和 HDMI 接口都可提供 1280×720、1920×1080 甚至更高的 4K 分辨率，视频、音频以数字化传输，图像声音效果好。

图 6-4-2

如果手头上有老旧的标清摄像机，只要视频输出功能完好，也是可以利用的。特别是一些 3CCD/3CMOS 的机型，图像信噪比很高，色彩纯净，低照度下的效果也很好，适合对视频图像做后期处理，如抠像等。

6.4.2 采集卡

有了摄像机，就可以根据摄像机的接口种类来选择合适的采集卡了。如果有 SDI 输出接口，首选带有 SDI 输入口的采集卡。图 6-4-3 为 Blackmagic 系列的 Decklink 采集卡和 Ultra Studio SDI 外置采集盒。

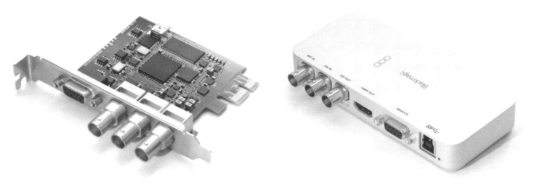

图 6-4-3

如果摄像机没有 SDI 输出接口，但有 HDMI 输出接口，那么可以使用 HDMI-SDI 转换器（图 6-4-4）将 HDMI 信号转换为 SDI 后连接到 SDI 采集卡。

图 6-4-4

当然也可以直接选择 HDMI 接口的采集卡（图 6-4-5）。

图 6-4-5

如果摄像机只有模拟视频输出，那么只能选择模拟采集卡了。图 6-4-6 为 Osprey-260e 模拟采集卡，带有分量视频（component video）、Y/C 分离视频（S-Video，Separated Video）、复合视频（composite video）及平衡 / 非平衡音频输入接口，支持 Windows XP、

Windows 7、Windows 10 等操作系统，适合广播级、专业级和家用级标清摄像机。

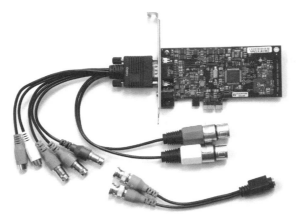

图 6-4-6

图 6-4-7 所示采集卡只有复合视频、S-Video 视频输入口。

图 6-4-7

还有一种外置的 USB 接口的采集盒，如图 6-4-8 所示，特别适合笔记本电脑，可用于 4G/5G 移动环境下的直播。

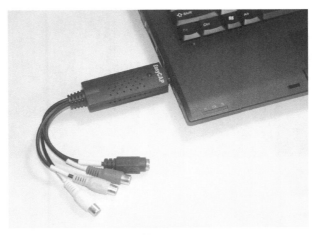

图 6-4-8

6.4.3 音视频接口与连线

视频连接常用接口有 BNC 插头的同轴线、HDMI 线、S-Video 线以及使用 RCA 插头（莲花插头）的视频组合线等，如图 6-4-9 所示，图中的（e）在家用摄像机等设备中最常见，俗称 AV 线（Audio、Video）。

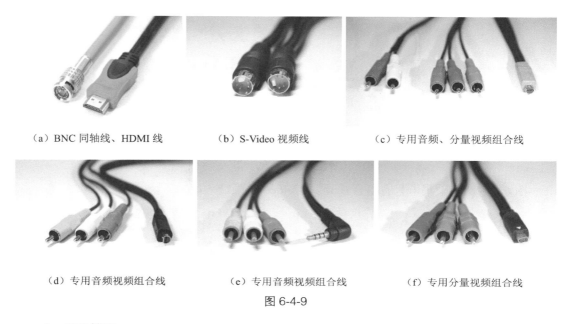

（a）BNC 同轴线、HDMI 线　　（b）S-Video 视频线　　（c）专用音频、分量视频组合线

（d）专用音频视频组合线　　（e）专用音频视频组合线　　（f）专用分量视频组合线

图 6-4-9

1. SDI 接口

SDI 数字视频信号连接方便可靠，使用 1 条同轴线及 BNC 接口，连接摄像机的 SDI 输出口与 SDI 采集卡的输入口即可（图 6-4-10）。一条质量合格的 75 欧姆阻抗的同轴线其传输距离可长达 150 米。

图 6-4-10

2. HDMI 接口

HDMI 接口使用 1 条多芯线传输数字音视频信号。将 HDMI 线两头分别插到摄像机的 HDMI 输出口和 HDMI 采集卡的输入口即可（图 6-4-11）。小型和微型摄像机往往配

置的是 mini-HDMI（HDMI-C Type）或 micro-HDMI（HDMI-D Type）等小尺寸的接口，需要用到 HDMI 的大小头转接线。

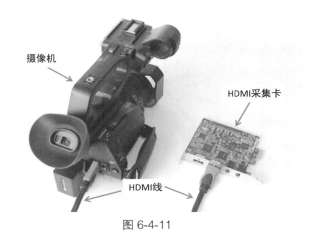

图 6-4-11

由于 HDMI 接口没有锁定机构，较长的 HDMI 线往往又粗又硬，因此插到柔弱的摄像机接口和采集卡接口难以保持良好的接触，可靠性远不如 SDI 所用的 BNC 接口，建议当摄像机与采集电脑距离较远时，使用 HDMI-SDI 转换器，将 HDMI 信号转换为 SDI 信号，连接 SDI 采集卡，如图 6-4-12 所示。

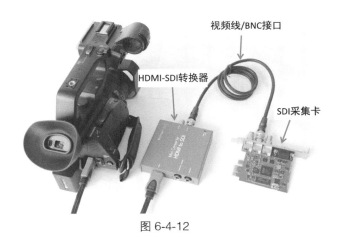

图 6-4-12

3. 分量视频及音频接口

分量视频用 3 条同轴线传输 Y、U、V 等亮度信号与色差信号，是模拟视频中图像质量最好的。

小型便携式摄像机一般使用专用接口的音视频组合线，图 6-4-13 为某型号摄像机，随机所配套的专用音视频组合线引出了 Y、U、V 三个分量视频信号和左右声道音频信号，分别与采集卡相应的接口连接。

连接好分量视频的 3 条同轴线，如果无图像，说明 Y 线（一般为绿色插头）没有正确连接，如果有图像色彩偏色的情况，一般将 V、U 连线（红、蓝插头）对调即可。

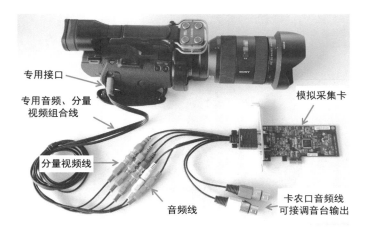

图 6-4-13

如果视频线接口型号不一致，可以使用转接头转接，如图 6-4-14 所示。

4. S–Video、复合视频与音频接口

S-Video 的画质稍次于分量视频，S-Video 接口一般使用专用线及 4 针插头，图 6-4-15 为某家用摄像机的 S-Video 接口。

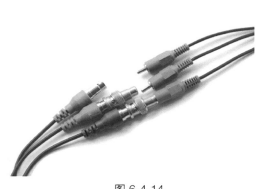

图 6-4-14

图 6-4-15

复合视频信号画质最差，需要 1 条同轴视频线和莲花插头（RCA 接口）或 BNC 插头。

很多便携式摄像机没有独立的复合视频输出口，而是将复合视频与音频集成在 3.5mm 的 AV 插孔内。图 6-4-16 为某常见类型的 DV 摄像机，使用随摄像机配套的音视频组合线，一头插入摄像机 3.5mm 的 AV 插孔，另一头的视频插头（黄色）接到采集卡的复合视频输入端，音频插头（白色为左声道，红色为右声道）接至声卡的线路输入。如果摄像机和采集卡都有 S-Video 接口，则建议使用 S-Video 而不用复合视频。

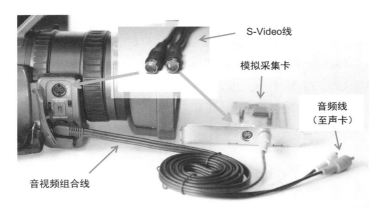

图 6-4-16

6.4.4　关于视频制式

我国的电视制式为 PAL 制，采用隔行扫描，场频为 50Hz（即所谓 50i），两场画面交织存放在 1 帧里。如果视频中有活动物体，对于标准的电视机（隔行扫描）来说没有异样，但在电脑显示器上，活动物体边缘呈现锯齿状（图 6-4-17 左）。

因此，对于以电脑及移动终端为目标的网络直播，建议将摄像机的视频制式调为 25P 逐行格式，这样视频就不会出现"锯齿现象"（图 6-4-17 右）。

图 6-4-17

6.4.5　在 OBS 中调用采集卡

对于推流用的电脑而言，原则上尽可能选用比较新的操作系统及硬件配置。一些 NVIDIA 和 Intel 显示芯片的 GPU 支持硬件编码，可以降低 CPU 利用率，参见 6.2.4 小节的"设置输出"。

本例使用 UltraStudio SDI 采集盒，它使用 USB 3.0 接口，比采集卡更灵活，可以插在笔记本电脑上使用，携带和安装都很方便。

如果使用台式机，建议用电脑机箱后面主板上的 USB 3.0 口连接 UltraStudio SDI 采集盒，笔者本人曾将该采集盒插在电脑机箱前面面板上的 USB 3.0 口，不能正常工作，原因可能是前面板 USB 3.0 插座与主板之间的连接线质量不好影响了连接速度。

安装好驱动程序后（安装过程略），可以在设备管理器中找到相应的设备名称，如图 6-4-18 所示。

图 6-4-18

提示

本节选用 Blackmagic UltraStudio SDI 采集盒并非是因为它有什么特别之处，而是刚好笔者手中有这个设备。

连接好摄像机的 SDI 输出口和采集盒的 SDI 输入口后，运行 OBS，在 OBS 中添加"来源"，对于 Blackmagic 系列采集卡，选"Blackmagic 设备"而不是"视频捕获设备"，然后新建"Blackmagic 设备"源（图 6-4-19）。

图 6-4-19

在弹出的属性窗口中单击"设备"右边的下拉菜单，选择设备"UltraStudio SDI"，然后就出现了画面，如图 6-4-20 所示。

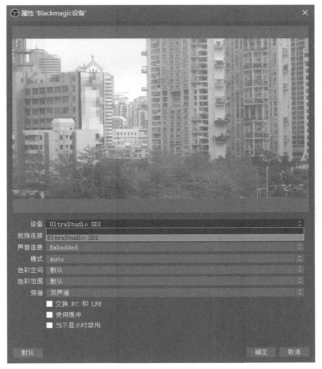

图 6-4-20

如果使用其他型号的采集卡，如上文介绍的模拟视频采集卡 Osprey-260e，一般是选择"视频捕获设备"（图 6-4-21）。

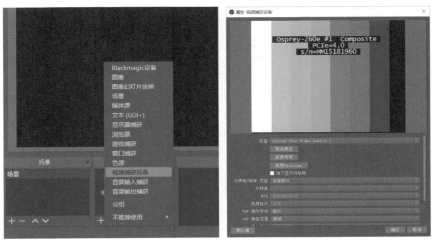

图 6-4-21

当调整到视频图像正常后，单击【确定】按钮，回到主界面（图 6-4-22）。

图 6-4-22

然后进入 OBS 设置界面，在"视频"设置项，"基础（Canvas）分辨率"设置为"1920×1080"，"输出（缩放）分辨率"设置为"1280×720"，"常见的 FPS 值"设置为"25 PAL"（图 6-4-23），或参考本章开头的表 6-1-1 选定。

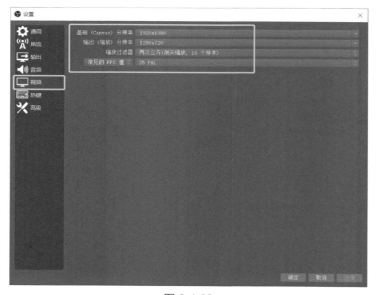

图 6-4-23

接着进入"音频"选项，将所有音频设备、麦克风等全部改为"已禁用"（图 6-4-24），目的是仅使用从 SDI 信号中分离的嵌入音频。

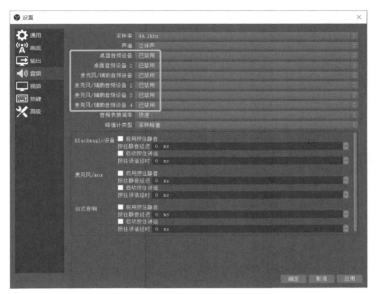

图 6-4-24

应用上述设置后回到主界面，这时在"混音器"工具栏中，只剩一个"Blackmagic 设备"，这就是随 SDI 视频嵌入的音频（图 6-4-25）。

图 6-4-25

使用 SDI 数字视频接口，通常一条同轴线就能将音视频信号同时接入，使用很方便。

6.4.6 直播操作

使用 OBS 进行推流直播，操作步骤如前所述。

6.5 两画面切换教学直播

在一些网上教学场合，可能既需要展示电脑的操作过程，又需要在摄像头前展示实物，本案例在摄像头直播的基础上增加了一个电脑桌面的场景，可切换输出的场景，以满足上述需求。案例概述如表 6-5-1 所示。

表 6-5-1

适用场景	适合个人教学等直播
功能特点	摄像头和电脑桌面画面切换输出，操作简单
主要硬件	1 台用来推流的电脑（可布置在教室之外的其他地方）； 1 个 USB 摄像头（如用笔记本电脑则可省去）
主要软件	OBS Studio
操作人员	不需要其他人，由演讲者自己操作

6.5.1 配置双显示器

本案例使用 2 个显示器，1 个作为主操作桌面，另一个作为 OBS 的运行桌面，这样互不干扰。若只有单个显示器，也可以使用 OBS 捕获当前操作的桌面，但是 OBS 自身的窗口也会出现在直播中。

配置双显示器要求显卡有 2 个输出口，连接好 2 个显示器后，右键单击 Windows 桌面，弹出菜单，单击"显示设置"（图 6-5-1）。

进入"显示"设置界面，把"多显示器设置"设置为"扩展这些显示器"（图 6-5-2）。

图 6-5-1

图 6-5-2

如果使用的是笔记本电脑的摄像头，那么将笔记本电脑的屏幕做直播输出的桌面，而将 OBS 软件放在外接显示器上运行，这样做的目的是使摄像头对正主播人脸。如果使用的是台式机，则将摄像头放在教学用的主显示器上方（图 6-5-3）。

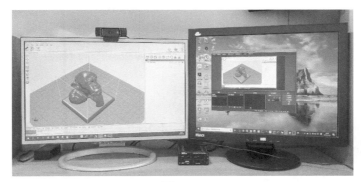

图 6-5-3

6.5.2 设置显示器分辨率和输出分辨率

考虑到直播视频分辨率的通用性，一般使用高清视频的标准分辨率 1920×1080 或 1280×720，或者是 1/4 的高清分辨率——960×540。

对于软件操作类的网上教学，学员希望能看清直播的电脑界面，如菜单、对话框等。如果选择 1920×1080 的分辨率，那么软件界面的菜单文字就比较小，客户端需要使用同样高的直播输出分辨率才能看清菜单文字。而 1280×720 的分辨率对于电脑桌面来说偏低，某些对话框可能显示不全。

综合考虑，笔者建议电脑分辨率设置为 1366×768（某些显卡 / 显示器仅有 1360×768，也可以使用），这可看作最经典的 XVGA 的 1024×768 的宽屏扩展，比例是 16∶9，与高清视频相同。这样在手机小屏幕上观看，电脑桌面界面文字也不会太小。

如果想节省带宽，输出分辨率也设置为 1366×768，这样电脑界面的文字不会产生缩放。

因此，在 OBS 的视频设置里，"基础（画布）分辨率"和"输出（缩放）分辨率"都设置为"1366×768"（图 6-5-4）。

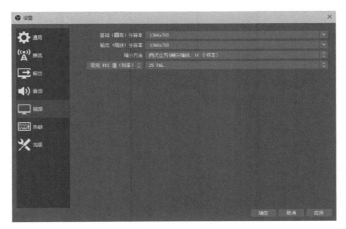

图 6-5-4

6.5.3　在 OBS 中捕获桌面

在 OBS 中添加 2 个场景，一个是摄像头，具体过程不再赘述。另一个是电脑桌面，并添加来源为"显示器捕获"（图 6-5-5）。

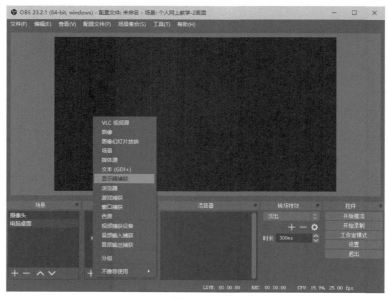

图 6-5-5

选择"新建"一个"显示器捕获"（图 6-5-6）。

这时，在属性窗口下方的"显示器"栏，如果已经装有 2 个显示器，就可以选择其中一个。按照之前的建议，选择捕获分辨率为"1366×768"的显示器（图 6-5-7）。

图 6-5-6

图 6-5-7

这样，在 OBS 的场景"电脑桌面"中，就显示了主操作桌面的图像（图 6-5-8）。

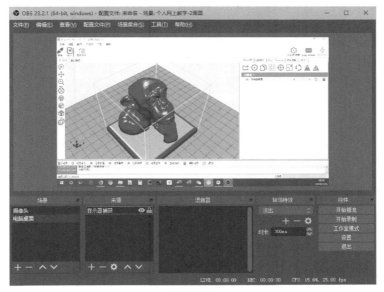

图 6-5-8

注意要把运行的 OBS 窗口拖到另一个桌面显示器上，不然 OBS 窗口会层层嵌套在自己的窗口里（图 6-5-9）。

图 6-5-9

6.5.4 OBS 捕获显示器为黑屏怎么办

在一台笔记本电脑上，如果按照上述步骤操作，显示器捕获显示为黑屏无图像（图

6-5-10），该怎么办呢？

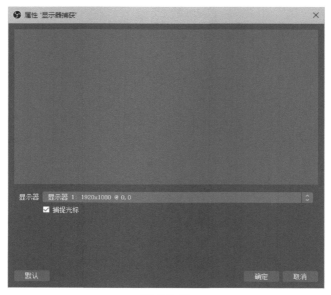

图 6-5-10

　　这种情况一般是电脑有 NVIDIA 和 Intel 等 2 种显示适配器（即显卡），当前桌面使用的显卡是 Intel 的，而 OBS 捕获的对象却是 NVIDIA 的。

　　解决这个问题的方法之一，是在设备管理器中简单粗暴地禁用其中任意一块显卡（图 6-5-11）。

　　解决方法之二，右键单击桌面，弹出菜单，单击"NVIDIA 控制面板"（图 6-5-12），更换图形处理器。

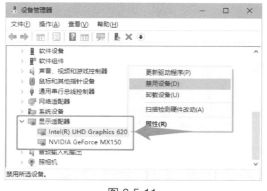

图 6-5-11

图 6-5-12

　　在打开的"NVIDIA 控制面板"窗口左边单击"管理 3D 设置"，在右边的"程序设置"选项卡下，选择要自定义的程序为"Open Broadcaster Software"（即 OBS），并将首选的图形处理器改成另一个，比如原来首选的是 NVIDIA 的，则改为"集成图形"，最后单击【应用】按钮（图 6-5-13），于是 OBS 捕获桌面就正常了。

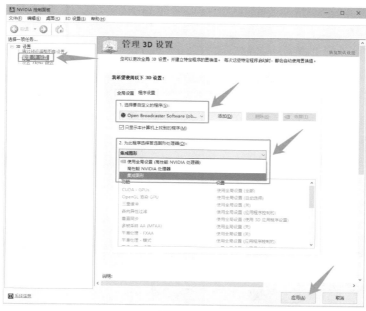

图 6-5-13

6.5.5 桌面音频与麦克风输入

通常观看电脑操作教学既要听到演讲者说的话，又要听到操作过程中电脑发出的声音。OBS 在"设置"的"音频"项，设置"桌面音频"为"默认"，或明确选择当前在用的输出设备。再将"麦克风 / 辅助音频"设置为当前使用的麦克风设备，如摄像头自带的麦克风（图 6-5-14）。

在"混音器"中 OBS 便将"桌面音频"和"麦克风 /Aux"混合输出（图 6-5-15）。

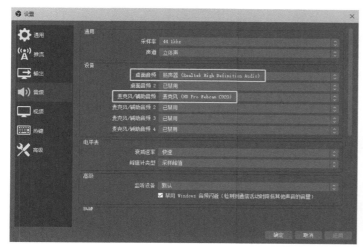

图 6-5-14

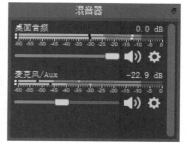

图 6-5-15

6.5.6　直播与场景切换操作

单击 OBS 主菜单"查看→多视频（全屏）"或"多视频（窗口）"，调出多视频界面，方便场景切换操作。

还可以使用快捷键切换场景。进入 OBS"设置"中的"热键"项，可以看到之前添加的 2 个场景"摄像头"和"电脑桌面"，在对应的设置项，用鼠标单击"切换到场景"栏，然后就可以按某个键，这个键就记录为热键。比如这里分别按了小键盘上的数字键"1"和"2"，在"切换到场景"栏右边就自动显示了"Num 1"和"Num 2"（图 6-5-16）。

设置完毕，就可以在直播时，按小键盘上的"1"输出摄像头视频图像，按"2"输出电脑桌面图像，比用鼠标更方便。

建议购置一个无线的数字小键盘（图 6-5-17），用它上面的键做热键，并且可在键帽上贴上场景图标，于是这个小键盘就变成了专业而小巧的导播切换台了。

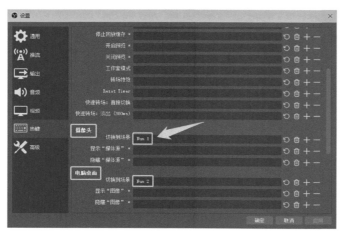

图 6-5-16

图 6-5-17

注意

设置的快捷键要确保不被其他软件所占用，避免因热键冲突而导致直播切换无效，或者热键莫名启动了其他软件而影响直播。

6.6　简易虚拟演播室教学直播

虚拟演播室技术可以使用 CG 场景代替建造实物场景，不过专业的虚拟演播室设备价格昂贵。本案例使用 OBS 的抠像滤镜，创建低成本的虚拟演播室。案例概述如表 6-6-1 所示。

表 6-6-1

适用场景	适合个人教学等直播
功能特点	基于软件实现虚拟演播室效果，成本极低
主要硬件	1 块抠像专用背景布 1 台笔记本电脑 1 台电视机（或电脑显示器） 1 个摄像头（或摄像机加采集卡） 1 个无线数字小键盘（可选，设置快捷键作切换用）
主要软件	OBS Studio
操作人员	视情况而定，可由演讲者自己操作

6.6.1　选择抠像背景

虚拟演播室的关键设施之一就是所谓的"蓝箱"——一个均匀喷涂蓝色的半包围的环境，人处于其中，摄像机拍摄的视频通过专用的硬件抠像设备将背景去除，合成在虚拟场景里。

背景除了蓝色，还常使用绿色，因为人体肤色基本不含这两种颜色，所以抠除背景后，对人体肤色的影响很小。

那么我们到底是选蓝色还是绿色呢？根据笔者经验，人们日常的服装穿着颜色中，穿着蓝色的概率大大高于穿着绿色的概率，如果选择蓝色背景，则抠像时蓝色服装也会被抠除，因此选绿色背景可能更适合。

简易的虚拟演播室使用一面墙做背景就可以了。有条件的话，可以用专用蓝色或绿色抠像漆涂刷，这种漆一般是无光的无毒水性涂料，价格比较贵，一桶要几百甚至上千元人民币。

相对低成本的方案是使用抠像专用背景布，这种背景布在网店可以找到，每平方米大概几十元人民币，安装时最好拉平整，避免褶皱产生。

如果没有固定场地布置背景墙，可以购买一种便携可折叠的背景布，一般为 1.5 米 × 2 米，两面的颜色不同，分别为蓝色和绿色，使用也很方便（图 6-6-1）。

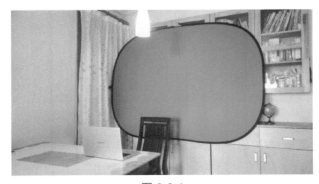

图 6-6-1

6.6.2　抠像合成技巧

预先设计一个背景图片作为虚拟演播室背景，在来源中增加一个"图像"，浏览找到该背景图片（图 6-6-2）。

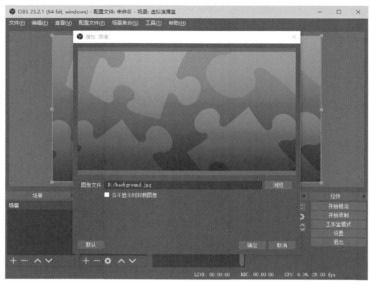

图 6-6-2

再单击【+】增加一个视频捕获设备源，并设置好摄像头相关参数（图 6-6-3）。

图 6-6-3

调整好图像尺寸后，右键单击它，在弹出的菜单中选"滤镜"（图 6-6-4）。

在滤镜窗口左下方的"效果滤镜"下单击【+】，弹出菜单，单击"色度键"（图 6-6-5）。

图 6-6-4

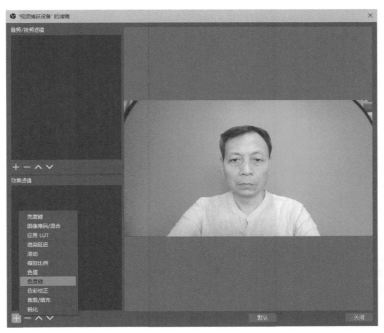

图 6-6-5

滤镜名称按默认值即可，单击【确定】按钮（图 6-6-6）。

在滤镜调节界面，注意"关键的颜色类型"（此处汉字"关键"汉化不够准确，一般称为"键控"）按背景布的颜色选，比如"绿色"。如果抠像不干净，可以调节"相似度"等参数（图 6-6-7）。

图 6-6-6

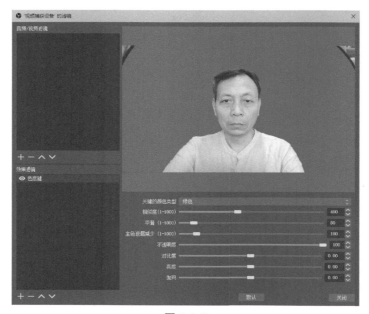

图 6-6-7

然后单击【关闭】按钮,背景板就变成背景图了(图 6-6-8)。

图 6-6-8

　　如果背景布不够大，无法占据摄像头整个画面，则实际抠像的时候可能会出现图 6-6-8 所示的情况——部分边角抠像不完整，下面介绍解决方法。

　　首先截取一张静态抠像不理想的图，在 Photoshop 中打开，然后描出一个正常抠像良好的范围，并且注意人物活动时不要超出它，如图 6-6-9 左边所示。再将这个范围制作成一个黑白图并导出为蒙版图片，如图 6-6-9 右边所示，黑色表示将要剪除的部分，白色是保留的部分。

图 6-6-9

　　回到 OBS，给视频捕获设备再添加一个滤镜——"图像掩码 / 混合"（图 6-6-10）。

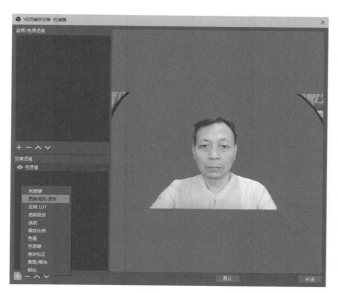

图 6-6-10

　　滤镜名称按默认即可（图 6-6-11）。

图 6-6-11

在该滤镜的属性设置里，"类型"选"Alpha 蒙版（颜色通道）"，单击【浏览】按钮找到上面制作的黑白蒙版图，其他参数按默认值不变，此刻原先的边角就被剪除了（图6-6-12）。

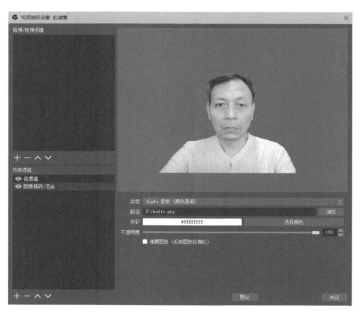

图 6-6-12

我们可以在滤镜窗口左边的效果滤镜列表中单击相应的眼睛小图标 <img>，开启或关闭它来检验对应的效果（图 6-6-13）。

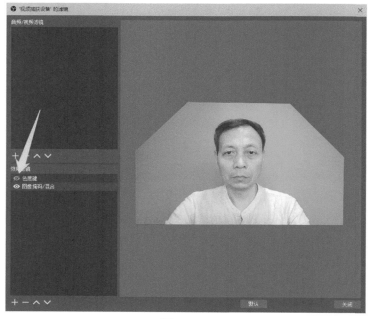

图 6-6-13

现在经过抠像合成，OBS 呈现的效果颇有电视台新闻联播的"范儿"了（图 6-6-14）。

图 6-6-14

6.6.3 给直播视频添加台标

既然直播画面都颇具风范了，那不如再专业点儿——添加一个个性化"台标"。用 Photoshop 制作一个 LOGO，保存为带透明底的 PSD 或 PNG 格式，LOGO 图像整体建议设置为半透明，这样就不会完全遮挡画面内容。

在来源中，添加一个"图像"，浏览打开 LOGO 图像文件（图 6-6-15）。

图 6-6-15

把 LOGO 图像放在其他源的最上层，并调整该图像的位置和大小，最后的效果如图 6-6-16 所示。

图 6-6-16

> **提示**
>
> 　抠像的背景不仅可以使用静态图片，还可以使用动态的视频。制作背景视频时，可以制作一个可循环播放、头尾相连的视频片段，背景视频动态幅度不宜过大，色彩不宜太饱和。

6.6.4　布置简单的虚拟演播室

上面已经解决了技术问题，下面准备布置简单的虚拟演播室。建议使用一个固定的房间作为虚拟演播室，图 6-6-17 为用 3ds Max 软件设计的简易虚拟演播室效果图。其他布置如下。

（1）房间背景墙与电视机墙之间的距离为 3 米左右。人与背景之间要留有至少 0.5 米的距离。

（2）灯光可选用至少 2 个平板灯，一个在头顶稍后的上方，既用于背景的照明，也用于避免人像阴影。另一个在人眼前上方，用于全局照明。

（3）背景使用 1.5 米 ×2 米抠像背景板，面积大则更好。

（4）摄像头可采用带 USB 接口的会议摄像头，并连接到笔记本电脑。摄像头需要具有光学变焦功能，这样能调节变焦，使得人像大小合适。摄像头位置基本与人眼平视。

（5）电视机紧贴摄像头安装，使用 HDMI 线连接到笔记本电脑的外接 HDMI 接口。

（6）笔记本电脑需要带 HDMI 输出接口。

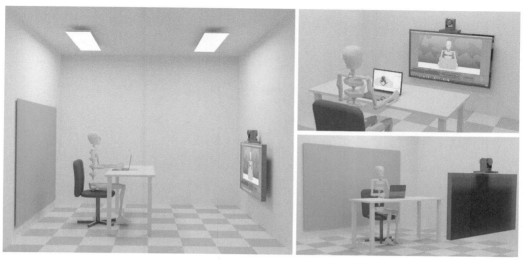

图 6-6-17

进入笔记本电脑的显示设置，将外接的大屏幕显示器拖到上方，2 个显示器呈现上下排列方式，这样操作鼠标往上则移出笔记本电脑，移到前方大屏幕上，比较符合人的视角（图 6-6-18）。

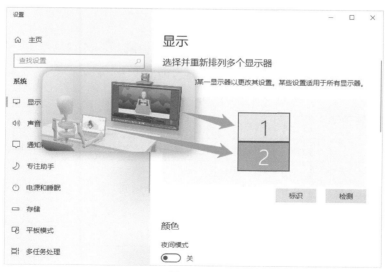

图 6-6-18

如果不方便安装大屏幕显示器，可以采用如下更简单的方案，如图 6-6-19 所示，使用长条桌，纵向布置，将一个电脑显示器作为笔记本电脑的扩展屏，放在笔记本电脑后面，使用笔记本电脑自带的摄像头。

图 6-6-19

6.6.5　直播与场景切换操作

参照 6.5 节设置 2 个场景，并设置切换场景、开始直播和停止直播的快捷键，这样在直播过程中，按快捷键操作不会打断或影响直播过程，真正实现在虚拟演播室环境下的个人自导自演的直播。也可以添置数字小键盘作热键切换专用。

6.7　精致的画中画教学直播

如果觉得教学直播过程中在 2 个场景之间切换很麻烦，可以只用 1 个场景，采用画中画的形式将人像叠加在电脑桌面上。案例概述如表 6-7-1 所示。

表 6-7-1

适用场景	适合个人教学等直播
功能特点	摄像头画面以画中画的形式叠加在电脑桌面画面一角，操作简单
主要硬件	1 台用来推流的电脑； 1 个 USB 摄像头（如用笔记本电脑则可省去）
主要软件	OBS Studio
操作人员	不需要其他人，由演讲者自己操作

6.7.1　设计画中画风格样式

首先设计人像画中画风格样式，可将摄像头拍摄的人像截图，然后在 Photoshop 中打开，在截图基础上进行设计，图 6-7-1 为设计示例。

图 6-7-1

完成设计后，将边框导出为带透明底的边框 PNG 文件（图 6-7-2 左），将人像蒙版导出为黑白蒙版图（图 6-7-2 右）。

图 6-7-2

6.7.2 设置人像视频装饰

运行 OBS，在来源中添加摄像头即"视频捕获设备"，再添加"图像"，找到前面制作的边框 PNG 图，将它叠放在摄像头人像之上（图 6-7-3）。

由于前面制作边框的时候是基于摄像头截图的尺寸，因此这 2 个来源尺寸是相同的。如果不同，可以手动拉伸调节，使其大小合适。然后同时选中这 2 个源，右键单击后弹出菜单，选"对所选项目进行分组"（图 6-7-4），这样 2 个图像就组合在一起，可以同时缩放拉伸了。

右键单击"视频捕获设备"，给它添加一个滤镜——"图像掩码/混合"，单击【浏览】按钮找到之前所作的蒙版图（见图 6-7-2 右），人像边缘就变成蒙版控制的形状了（图 6-7-5）。

图 6-7-3

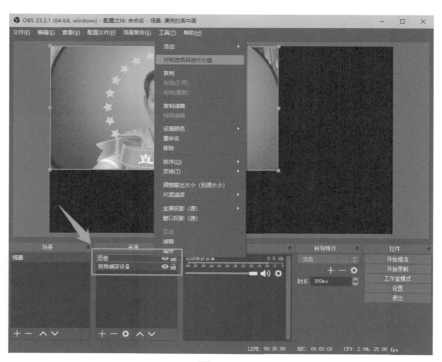

图 6-7-4

图 6-7-5

现在人像加上边框的样子如图 **6-7-6** 所示，可以看到装饰层与蒙版共同作用的效果。

图 6-7-6

如果人像后面有抠像背景，还可以添加一个滤镜——"色度键"进行抠像（图 6-7-7）。最终人像装饰的风格效果如图 **6-7-8** 所示。

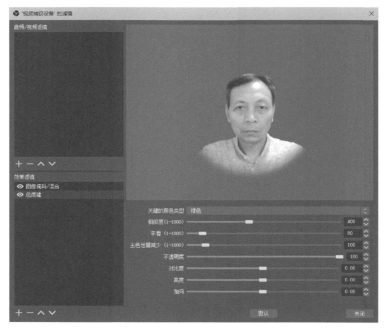

图 6-7-7

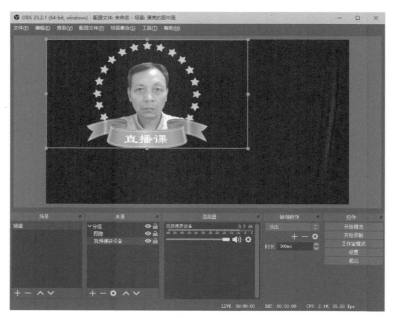

图 6-7-8

6.7.3 在桌面叠加画中画人像

最后添加一个源——"显示器捕获"，把分组的人像的大小、位置调整到希望的位置，就完成了与众不同的漂亮的画中画直播设置（图 6-7-9）。

图 6-7-9

如果电脑只有一个屏幕，那么此时 OBS 预览画面有点儿乱，因此要把 OBS 最小化。若要预览直播的效果，需要在其他电脑上观看。

6.7.4 直播操作

在开启直播和停止直播时，如果显示 OBS 窗口，会将 OBS 界面直播出去，建议为 OBS 设置 2 个热键，在直播前就将 OBS 最小化，然后按热键来开始或停止直播。如图 6-7-10 所示，设置 F1 为开始推流，F2 为停止推流，但要保证热键不要与正在演示的软件产生冲突。

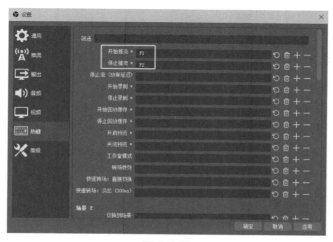

图 6-7-10

如果按前面介绍购买了数字小键盘，也可以在小键盘上设置开始推流与停止推流的热键。

6.7.5 直播过程中的注意事项

对于单显示器的电脑，由于直播过程中，主讲人是看不到视频预览的，因此需要注意以下两点。

（1）因为画中画只截取了摄像头画面的中间部分，所以演讲时肢体活动不要超出摄像头视角范围，否则人像就跑出装饰框而不可见了。

（2）要记住人像叠加的桌面的相对位置，切记不要把教学演示的重要内容放在人像所在区域，否则会造成遮挡（图 6-7-11）。

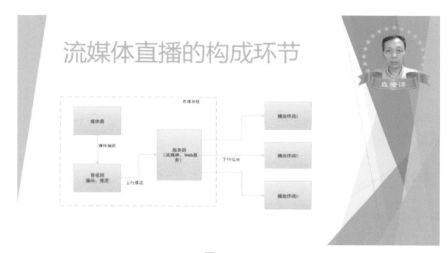

图 6-7-11

6.8 简单的画中画教学直播

如果觉得 OBS 的画中画案例设置和操作都比较烦琐，那么可以尝试一个使用 FFmpeg 的简单画中画方案，使用时，双击批处理文件就可以了，案例概述如表 6-8-1 所示。

表 6-8-1

适用场景	适合个人教学等直播
功能特点	摄像头画面以画中画的形式叠加在电脑桌面画面一角，操作简单
主要硬件	1 台用来推流的电脑 1 个 USB 摄像头（如用笔记本电脑则可省去）
主要软件	FFmpeg
操作人员	不需要其他人，由演讲者自己操作

6.8.1 编写批处理脚本

批处理脚本见代码清单 6-8-1，该脚本适用于 Windows 10 系统，如果操作系统为 Windows 7，请删除第 1 行和第 2 行（原因请参阅 6.3.2 小节）。

代码清单6-8-1 **画中画直播.bat**

```
1
2  chcp 65001
3  set v="hm1091_techfront"
4  set a="麦克风阵列 (Realtek High Definition Audio)"
5  set url=rtmp://192.168.0.10/live/livestream
6  ffmpeg -f dshow -i video=%v%:audio=%a% -f gdigrab -framerate 15 -i desktop
   -filter_complex "[0]scale=640:360[pip];[1][pip]overlay=720:360" -vcodec libx264
   -acodec aac -b:v 750k -b:a 64k -s 1366x768 -f flv %url%
7  pause
```

第 6 行 ffmpeg 捕获 2 个源。第 1 个源是摄像头——"-f dshow -i video=%v%:audio=%a%"（参阅 6.3 节），第 2 个源是桌面——"-f gdigrab -framerate 15 -i desktop"（参阅 4.2 节）。"-filter_complex"后面双引号中的参数用来设置画中画的尺寸和位置，参数意义如图 6-8-1 所示。

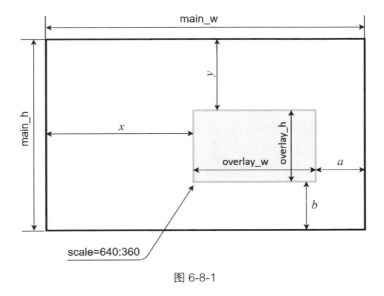

图 6-8-1

"main_w"和"main_h"就是最终输出的尺寸，即代码清单 6-8-1 中的"1366×768"。"overlay_w"和"overlay_h"是画中画的尺寸，由参数"scale=640:360"决定。画中画的坐标 x、y 位置由参数"overlay=720:360"决定，其他参数请参阅 6.3 节。

如果画中画放在输出画面的右下角，我们会更关心边界距离 a 和 b，那么 $x=$ main_w – overlay_w – a，$y=$ main_h – overlay_h – b，这样用代码清单 6-8-2 更方便调整位置，代码中的右边界为 0，下边界为 40。

代码清单6-8-2　画中画直播.bat

```
1
2  chcp 65001
3  set v=" hm1091_techfront"
4  set a=" 麦克风阵列 (Realtek High Definition Audio)"
5  set url=rtmp://192.168.0.10/live/livestream
6  ffmpeg -f dshow -i video=%v%:audio=%a% -f gdigrab -framerate 15 -i desktop
   -filter_complex  "[0]scale=640:360[pip];[1][pip]overlay=main_w-overlay_w-
   0:main_h-overlay_h-40"  -vcodec libx264 -acodec aac -b:v 750k -b:a 64k -s
   1366x768 -f flv %url%
7  pause
```

将代码用 Windows 记事本保存为"画中画直播 .bat"，注意第 6 行比较复杂，不能折行，如图 6-8-2 所示，空格、双引号和"-"均为半角。

图 6-8-2

6.8.2　直播操作

双击"画中画直播 .bat"即开始直播，运行界面如图 6-8-3 所示，正常直播时请将其最小化。

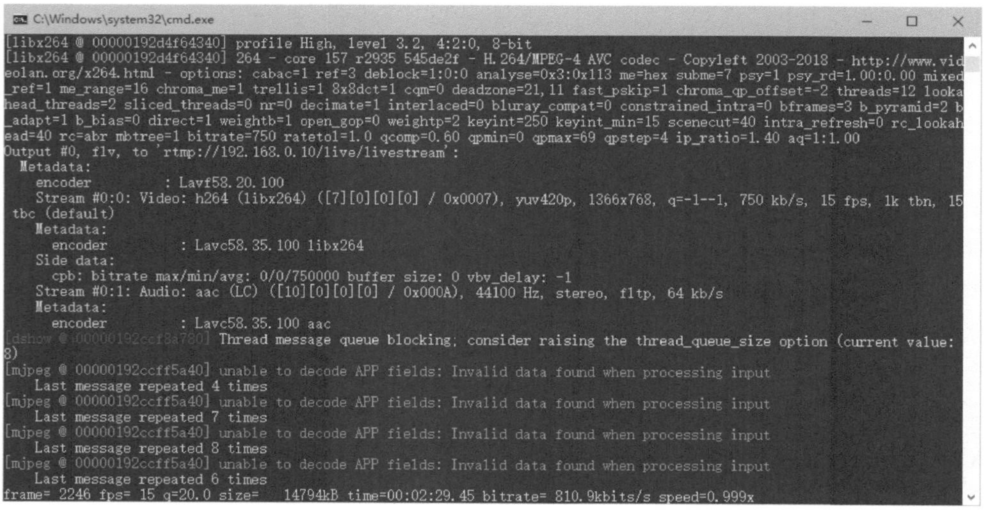

图 6-8-3

图 6-8-4 是从其他电脑上观看直播画面的截图。

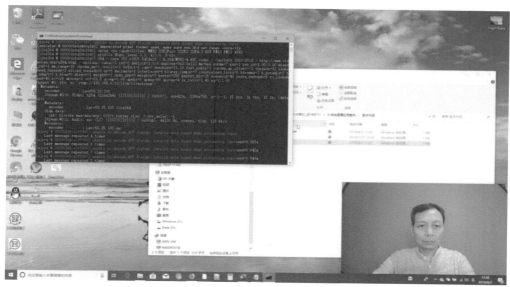

图 6-8-4

6.8.3 如何隐藏批处理运行窗口

批处理文件运行时，黑乎乎的运行窗口有些碍事，所以一般都将它最小化。不过即便这样，也还是有误操作的可能。能不能彻底隐藏批处理的运行而不是最小化呢？当然可以。

1. 创建后台运行脚本

打开记事本，将代码清单 6-8-3 保存为"开始直播 .vbs"：

代码清单6-8-3 开始直播.vbs

```
1  DIM objShell
2  set objShell=wscript.createObject("wscript.shell")
3  iReturn=objShell.Run("画中画直播.bat", 0, TRUE)
```

这是一个 VB 脚本，其中 objShell.Run() 调用之前保存的"画中画直播 .bat"脚本，请注意文件名要一致。

双击此脚本文件或右键单击并打开它，桌面没有变化，似乎什么也没有发生，而这时打开任务管理器仔细观察，会发现比原先多出几个进程，其中就有 **ffmpeg.exe**，原来 ffmpeg 果然在后台运行了，图 6-8-5 左边为 Windows 7 的任务管理器窗口，右边为 Windows 10 的任务管理器窗口。

2. 创建停止直播脚本

如果想停止直播，可以在任务管理器中手动结束任务，这样操作比较复杂。下面继续编写一个脚本，将代码清单 6-8-4 保存为"停止直播 .bat"。

代码清单6-8-4　停止直播.bat

```
1  taskkill /im wscript.exe /t /f
2  pause
```

图 6-8-5

代码清单 6-8-4 中，"taskkill /im wscript.exe"用来终止 wscript.exe 进程，"/t"参数表示将它的子进程（批处理脚本及批处理脚本调用的 ffmpeg.exe）一起终止。Windows 7 可以不要参数"/f"，但 Windows 10 需要，它表示强行终止。

现在只要双击这个脚本文件就终止 ffmpeg 的进程了（图 6-8-6）。

图 6-8-6

3. 操作方法

需要直播就双击"开始直播 .vbs"，要停止直播就双击"停止直播 .bat"。如果结合第 5 章的 DEMO5，将"开始直播 .vbs"放在直播推流电脑上，并设为开机启动，那么就可以实现自动直播功能。

6.9　基于切换台多机位专业型直播

在教学、会议、典礼等隆重场合，常有多机位摄像，本案例使用视频切换台，将多路摄像机视频及一路电脑显卡输出视频连接到切换台，多机位呈现现场的不同视角，使得直播画面丰富多彩。电脑桌面可以用来展示 PPT 课件等画面资料，还可以用来播放片头片尾等视频短片。切换台输出到采集卡，可进行直播推流、录制等。案例概述如表6-9-1 所示。

表 6-9-1

适用场景	适合大型场合，如晚会、典礼或教学等直播
功能特点	专业影视设备，广播级播出画质
主要硬件	3 台高清摄像机 1 台演示电脑（可用大屏幕液晶一体机或电脑加投影机），与上述摄像机构成 3+1 个视频源 1 个 HDMI/VGA 转 SDI 转换器 1 台高清视频切换台 1 台用来推流的电脑（可布置在教室之外的其他地方） 1 个高清视频采集卡
主要软件	OBS Studio
操作人员	1~4 人（视现场需要而定，如果合理预设更多机位，可节省人员）

6.9.1 设备连线

本案例实际上相当于在"专业摄像机的个人直播"的基础上，将视频源由单个摄像机源更换为视频切换台（包括前置的所有设备）。实际应用时，音频是一个重要环节，下面按音频的不同接法分列若干子方案。

1. 使用摄像机话筒拾音

使用摄像机自带话筒现场拾音，音频信号嵌入 SDI 视频中，连接最简单，适合隔音良好的安静环境。

大屏幕电脑一体机（或其他形式电脑）的桌面通过显卡 HDMI 输出接口和 HDMI-SDI 转换器（图 6-9-1）转换为 SDI 信号，与 3 台摄像机的 SDI 接口一起使用同轴视频线连接到视频切换台。

图 6-9-1

> **注意**
>
> 选购 HDMI-SDI 转换器时要注意，一些转换器不具备画面大小与帧率的变换功能，在连接显卡时，可能会按显卡的视频格式输出类似 1024×768/60Hz 这样的 SDI 信号，这种 SDI 信号与 PAL 制式电视设备不兼容，无法显示图像。因此要确认所选品牌的产品必须具有如下功能：可将各种不同电脑分辨率、帧率，扩展、拉伸、变换为 PAL 制式的 1920×1080/50i、1920×1080/25p、1280×720/50p 电视标准，并且最好能支持 HDMI、DVI、VGA 等多种接口。

设备连线如图 6-9-2 所示，可根据需要自行增减摄像机机位数及电脑桌面的数量。

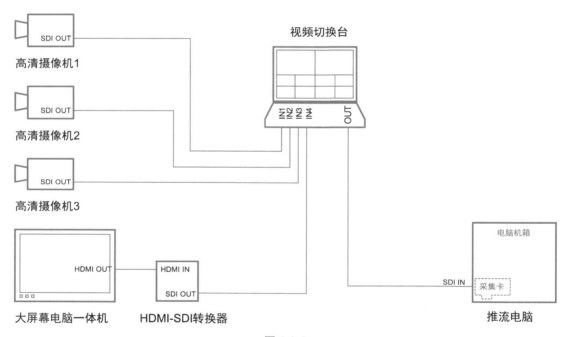

图 6-9-2

图 6-9-3 所示为某款视频切换台背部接口。

图 6-9-3

视频切换台的监视画面如图 6-9-4 所示。

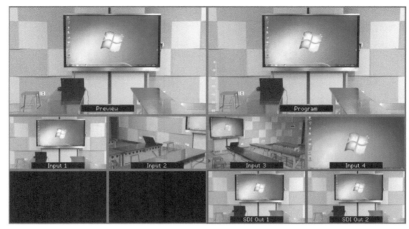

图 6-9-4

本方案只使用 SDI 视频信号中嵌入的音频信号，需要将电脑中的其他音源禁用，以保证推流输出的音频不受电脑声卡的干扰。打开 OBS 设置界面，单击"音频"设置，将"设备"下面的所有选项都设置为"已禁用"（图 6-9-5）。

图 6-9-5

这样就能确保只保留随采集卡捆绑的音频设备（图 6-9-6）。

图 6-9-6

2. 使用无线领夹话筒拾音

使用无线领夹话筒发射与接收套件拾音适合嘈杂的场合。

方案 1 的音频使用摄像机自身的话筒拾音，虽然方便，但是因为演讲者与摄像机距离较远，演讲者的声音不突出，容易淹没在环境噪声中。因此，方案 2 稍加改进，使用领夹式无线话筒，能保证话筒近距离拾音，抗环境噪声干扰，声音效果清晰。领夹式话筒指使用小夹子将话筒固定在演讲人的衣领下，发射器隐藏在身后或衣服内，既不影响演讲人形象，也可以使人自由活动。

同样，音频信号也嵌入 SDI 中传输。设备连线如图 6-9-7 所示。

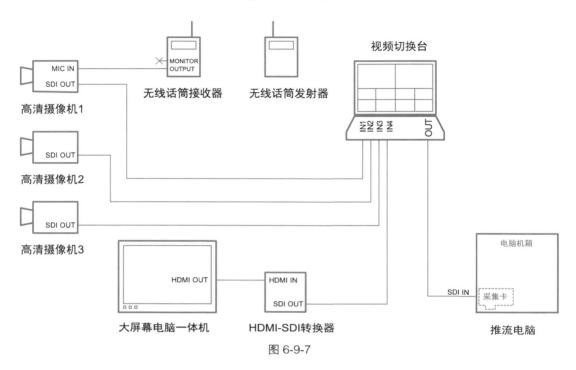

图 6-9-7

图 6-9-8 显示了两种不同品牌的无线话筒的接收器输出口，它们都带有 2 个 3.5mm 音频输出口，一个是 OUTPUT 输出口，输出信号电平一般为 –60dBV，相当于普通话筒的输出电压，可以直接连接到摄像机的外接 MIC 接口。另一个输出口标注为 PHONE 或 MONITOR，可插入耳机直接监听，因为输出信号电平及接口方式与摄像机 Mic 接口不匹配，故不要用这个接口连接摄像机。

通常无线话筒套装中包含 3.5mm 插头转标准卡农插头连接线，如图 6-9-9 所示。

图 6-9-8　　　　　　　　　　　　　　　　　　　图 6-9-9

图 6-9-10 为某型号摄像机的外接话筒插口，将摄像机音频输入由内置话筒（常标注为 INT MIC）切换为外接话筒（EXT MIC），并将开关选择到 MIC 档，不要切换到 MIC/+48V 档，以防无线话筒接收器被 48V 幻象电压击穿损坏。将连接线的 3.5mm 插头插入无线话筒接收器的 OUTPUT 口，另一头插入摄像机的外接话筒插座。

图 6-9-10

最后需要对视频切换台的音频信号进行设置，以图 6-9-3 的某款视频切换台为例，调出设置界面，将"Outputs"项目里的输出音频设置为"Src Input 1"（接无线话筒接收器的那台摄像机），这样无论切换到哪个机位，输出的音频始终来自无线话筒（图 6-9-11）。

对于不同品牌型号的视频切换台，请自行参阅其使用手册，按照相同的原则进行设置。

摄像机的每个外接话筒输出音频中只占据一个声道，如果直接使用，那么很有可能听起来只有一边的喇叭在响。因此最好设置摄像机，使得话筒的音频在 2 个声道中都出现。如果不方便设置摄像机，也可以在 OBS 中设置。单击"混音器"面板中音频源的小齿轮图标，弹出菜单，单击"高级音频属性（<u>A</u>）"（图 6-9-12）。

图 6-9-11

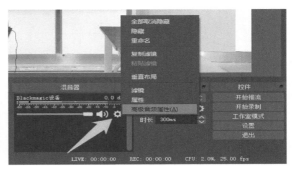

图 6-9-12

在打开的"高级音频属性"窗口，勾选"混缩为单声道"下面的选框（图 6-9-13）。

这样两个声道就有相同的声音了，对比图 6-9-14 中的混音器的绿色条，左图为混缩前，右图为混缩后。

图 6-9-13

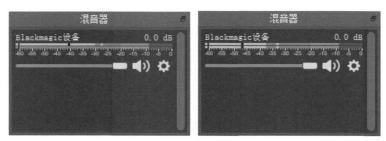

图 6-9-14

3. 使用调音台音频源

在场面较大的活动中，参与人数众多，这时候一般都会用调音台对多路话筒、背景音乐等进行混音，并输出扩音。方案 3 的视频切换台的音频源来自调音台。设备连线如图 6-9-15 所示，与方案 1 和方案 2 一样，方案 3 也将音频信号嵌入 SDI 视频中。

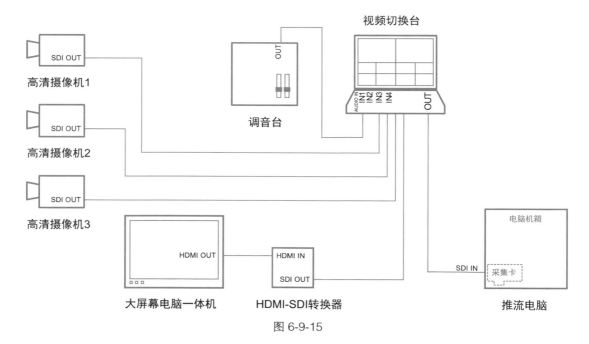

图 6-9-15

图 6-9-16 为某款切换台的音频输入端（卡农插座），此输入端要求较高的输入电平，可以与调音台的输出电平相匹配，但不能匹配无线话筒接收器输出的电平。最好从调音

台连接左、右声道 2 条线，形成立体声。当然如果只能接一个声道，则参阅方案 2 处理。

另外，还需要对视频切换台进行设置，将输出音频固定在外接音频（Src External），参见图 6-9-17。

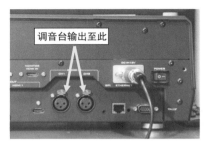

图 6-9-16

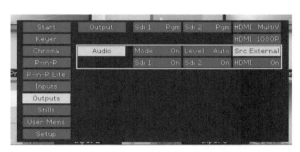

图 6-9-17

4. 使用电脑声卡采集声音

方案 1、2、3 的音频都被嵌入 SDI 视频信号中，如果采集卡等设备不支持嵌入音频怎么办？可以使用电脑声卡采集声音，设备连线如图 6-9-18 所示。

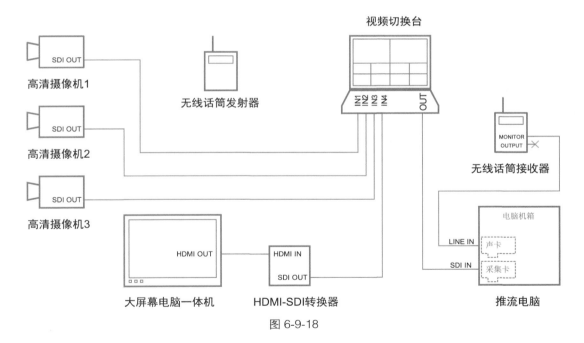

图 6-9-18

使用图 6-9-19 所示双头 3.5mm 立体声音频线，一头插入无线话筒接收器的耳机监听输出口（MONITOR 或者 PHONE），另一头插入电脑声卡的线路输入（LINE IN，一般标为蓝色）。

然后进入 OBS "音频"设置，将"麦克风 / 辅助音频"选项改为线路输入，如图 6-9-20 中的"线路输入（Realtek High Definition Audio）"，具体名称视声卡型号而定。

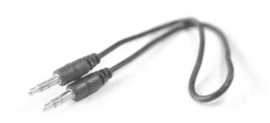

图 6-9-19

图 6-9-20

再在 OBS 的"混音器"面板中，单击小喇叭图标，将采集卡自带的音频输入禁用，防止嵌入音频的干扰（图 6-9-21）。

图 6-9-21

如果直播现场使用了调音台（如方案 3），可以使用莲花插头转 3.5mm 插头线，从调音台的莲花插座（RCA 插座）输出。

本案例使用了较多的专业器材，画质音质俱佳，部署较为复杂，但对于重要活动来说，这些投入也是值得的。

6.9.2 直播操作

使用 OBS 软件进行推流直播。

6.9.3 导播切换操作

由导播人员操作视频切换台完成视频切换。

6.10 基于采集卡多机位专业型直播

本案例使用多路输入口的采集卡，使用 OBS 的多视图切换功能代替视频切换台，使用方法简单，成本低廉，视频传输减少了中间环节，理论上画质更好，案例概述如表 6-10-1 所示。

表 6-10-1

适用场景	适合晚会、典礼或教学等直播场景
功能特点	专业影视设备，广播级播出画质
主要硬件	3 台高清摄像机 1 台演示电脑与上述摄像机构成 4 路视频源（可做课件、图像演示，也可播放片头、插播视频等） 1 个 HDMI/VGA 转 SDI 转换器 1 台用来推流的电脑 1 个 4 口高清视频采集卡
主要软件	OBS Studio
操作人员	1～4 人（视现场需要而定，如果合理预设了更多机位，可节省人员）

本方案的核心是使用一块 4 路高清 SDI 采集卡（图 6-10-1）。

图 6-10-1

装上驱动后，4 路采集卡在 Windows 设备管理器中显示为 4 个设备（图 6-10-2）。

图 6-10-2

实际上，如果没有 4 路采集卡，也可以安装多块采集卡，只不过前提是电脑有足够的插槽数。

6.10.1　设备连线

本方案的设备连线很简洁，如图 6-10-3 所示。

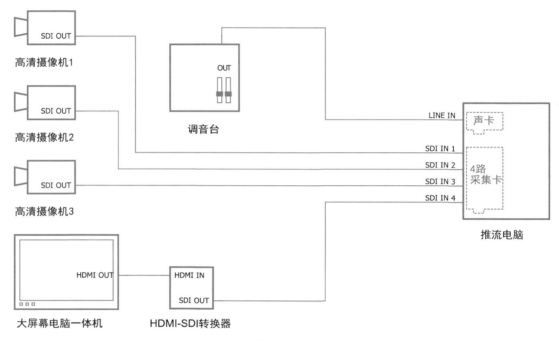

图 6-10-3

3 台摄像机的视频输出分别用同轴视频线连接到 4 路采集卡的 1~3 号接口，而电脑显卡输出通过 HDMI 接口连接到 HDMI-SDI 转换器（见 6.9 节的图 6-9-1），输出的 SDI 信号连接到采集卡的 4 号接口。

音频信号源如话筒、电脑音频输出等（图中省略未画出）都连入调音台，然后混合输出到推流电脑的声卡的线路输入端。

6.10.2　OBS 设置

OBS 的设置主要包括场景与视频源设置、音频设置，以及推流与录制等其他设置，这里简单介绍前面 2 个设置。

1. 场景与视频源设置

首先创建（或改名）第一个场景"机位 1"，然后在来源中增加"视频捕获设备"（图 6-10-4）。

在弹出的窗口"创建或选择源"中，选"新建"，单击【确定】按钮（图 6-10-5）。

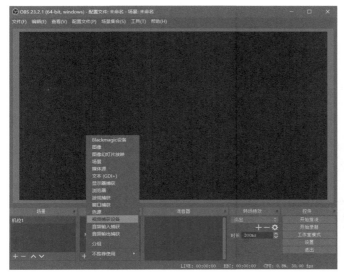

图 6-10-4

图 6-10-5

　　然后进入"属性'视频捕获设备'"窗口，在"设备"选项右边，单击弹出下拉菜单，可以看到 4 个同样的设备，选择第 1 个设备，出现正常的视频图像后，单击【确定】按钮返回主界面（图 6-10-6）。

图 6-10-6

　　再如法炮制，分别增加第 2 个和第 3 个场景，使用"新建"选项创建新源，然后分别选择第 2 个和第 3 个视频捕获设备（图 6-10-7）。

图 6-10-7

最后第 4 个场景是电脑输出的画面，选择第 4 个视频捕获设备。

2. 音频设置

本案例使用声卡来采集音频，因此在 OBS 的"设置→音频→设备"一项，只保留声卡的线路输入对应的音频设备，参考 6.9 节的图 6-9-20。

最后在 OBS 主界面，无论选择哪个场景，"混音器"中都应该有上面设置的音频源（图 6-10-8）。

图 6-10-8

如果使用的采集卡支持嵌入的音频，那么需要将混音器中采集卡对应的音频设备禁音，以防混入不需要的声音。

6.10.3 直播与视频切换操作

使用 OBS 进行推流直播，单击主菜单"查看"，选择"多视图（窗口）"（或"多视图（全屏）"）（图 6-10-9）。

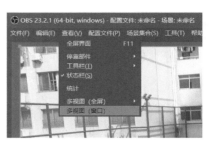

图 6-10-9

这样就打开了与切换台一样的导播界面，通过单击画面来选择场景，非常直观方便（图 6-10-10）。

图 6-10-10

6.11 无线视频传输多机位直播

某些场合布置视频线、网线很困难，本案例使用 Wi-Fi 传输音视频，彻底甩掉线缆束缚，配合 4G/5G 联网，可以用于野外的活动直播。案例概述如表 6-11-1 所示。

表 6-11-1

适用场景	晚会、典礼或教学等直播场合，适合快速搭建和室外非固定场合
功能特点	无连线传输音视频，不受任何连线束缚
主要硬件	3 台带 Wi-Fi 流媒体传输的高清摄像机 1 台演示笔记本电脑或 Windows 平板电脑（与上述摄像机构成 3+1 个视频源） 1 套无线话筒发射、接收器套件 1 台投影仪 1 台台式机，与投影仪连接（可选） 1 台无线 Wi-Fi 路由器 1 台用来推流的电脑 1 个 4 口高清视频采集卡
主要软件	OBS Studio，VLC media player，Radmin Server / Viewer
操作人员	1～4 人（视现场需要而定，如果合理预设了更多机位，可节省人员）

6.11.1　设备连线与运作原理

设备连线如图 6-11-1 所示。

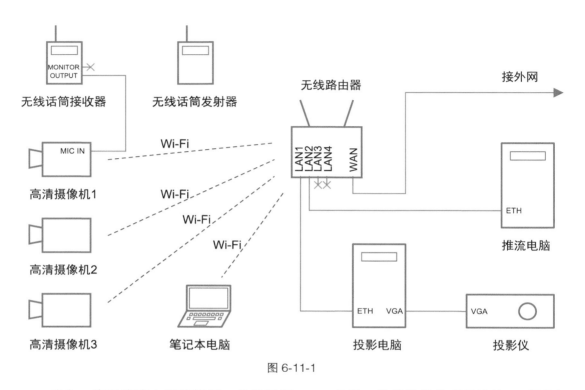

图 6-11-1

首先，将无线路由器连接好，并设置好 SSID 备用，供其他设备查找连接，下面以 SSID 设置为"szdd"为例。

主讲人佩戴无线话筒发射器，无线话筒接收器固定在高清摄像机 1 上，同时无线话筒接收器输出的音频（OUTPUT）连接到摄像机的话筒输入（MIC IN）。

摄像机具有 Wi-Fi 流媒体视频传输功能，配置好 IP 及相关功能，通过无线路由器以 UDP 协议向推流电脑推送视频流。

笔记本电脑运行 Radmin Server，提供远程桌面服务。

推流电脑运行 OBS，通过 Radmin Viewer 远程桌面客户端抓取笔记本电脑桌面图像，通过调取 UDP 协议获取摄像机音视频。

投影电脑也运行 Radmin Viewer，获取笔记本电脑桌面，并通过投影仪投射到幕布。

6.11.2　摄像机无线视频传输

本案例所说的无线视频传输指的是摄像机自身带有视频流媒体功能，可通过 Wi-Fi 或有线 LAN 传输音视频流媒体。如 SONY 的 HXR-NX80、PXW-FS5k 等型号高清摄录一体机，利用 UPD 协议推送经过编码压缩的视频流，尺寸有 640×360 和 1280×720 两档，传输码率约3.3Mbit/s。由于篇幅限制，无法介绍更多品牌型号，请查阅相关产品手册。

1．设置摄像机接入点

调出摄像机的菜单，按照图6-11-2所示的4个步骤操作，进入"Wi-Fi设置"，再进入"接入点设置"，摄像机将搜索周围的Wi-Fi热点，找出无线路由器的SSID，即先前设置的"szdd"。

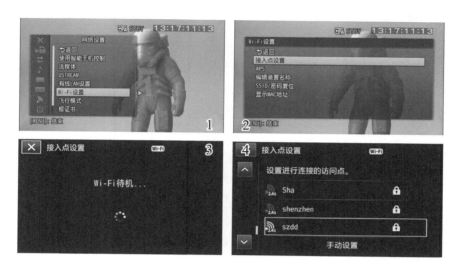

图6-11-2

然后输入Wi-Fi密码，完毕后单击"OK"，再单击【下页】按钮（图6-11-3）。

图6-11-3

按照图6-11-4所示的4个步骤操作，单击【注册】按钮获取IP，这里默认的是自动获取IP，如果网络不支持自动获取IP，那么需要手动设置IP、掩码及网关等。经过短暂连接后，显示"已登录"，表明摄像机已经成功联网。然后单击"返回"，返回上一级菜单进行下一步设置。

2．设置流媒体传输尺寸

按照图6-11-5所示的4个步骤操作，进入菜单"流媒体"，选择"预设1→尺寸"为1280×720，这是流媒体传输的视频尺寸。

3．设置目的地主机IP与端口

设置完上述尺寸并返回后，再按照图6-11-6所示的4个步骤操作，进入"目的地设置",设置"主机名称"的 IP 地址,该主机即推流电脑的 IP 地址,端口为 1234。

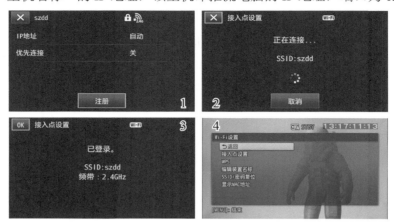

图 6-11-4

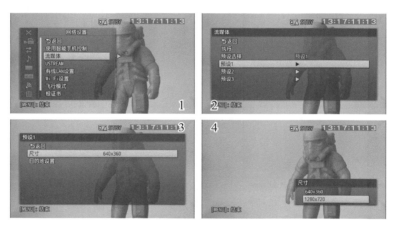

图 6-11-5

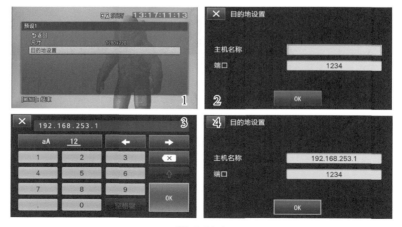

图 6-11-6

上面设置的目标主机与端口保存在"预设 1"中,如果经常有多个目标,可另行保存在其他预设,如"预设 2"和"预设 3"中,以方便今后调用。

其他 2 台摄像机的设置方法一样，"主机名称"IP 也一样，不同的是"目的地设置"端口号，如第一台摄像机设置端口 1234，其他两台的端口可分别设置为 1235、1236。

4．启动流媒体传输

上述 3 台摄像机设置完成后，每次启动流媒体传输，只需要按照如下步骤操作即可。刚才设置的地址与端口为"预设 1"，故先保证"预设选择"是"预设 1"，然后选择"执行"（图 6-11-7）。

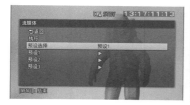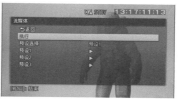

图 6-11-7

选择连接方式为"Wi-Fi"，摄像机经过一番准备后，显示一个就绪画面，画面上面提示"[MENU]: 结束 [THUMBNAIL]: 流传输开始"（图 6-11-8）。

图 6-11-8

这时，点按摄像机机身的 THUMBNAIL 实体按键（图 6-11-9），就开始了流媒体传输。

图 6-11-9

如何接收传输的视频将在 6.11.4 小节介绍。

6.11.3　笔记本电脑桌面无线传输

本案例使用远程桌面软件 Radmin Server 和 Radmin Viewer 实现笔记本电脑桌面画面

通过 Wi-Fi 无线传输，有关 Radmin 的详细介绍请阅读本书 4.3 节相关内容。

首先在演讲用的笔记本电脑上安装 Radmin Server，并设置好访问的用户名与密码等权限。

1. 在连接投影仪的电脑上接收笔记本电脑桌面

在连接投影仪的电脑上安装 Radmin Viewer，并在桌面创建一个"仅限查看"的快捷方式（图 6-11-10）。

这样在桌面上就创建了"xxx 仅限查看"字样的图标（图 6-11-11）。

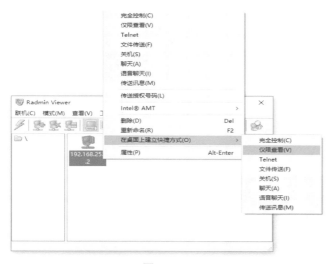

图 6-11-10   图 6-11-11

双击桌面图标，进入远程桌面窗口，用鼠标右键单击窗口的左上角，弹出菜单（图 6-11-12）。

图 6-11-12

单击"扩展成全屏幕"，远程桌面将按当前显示器分辨率拉伸充满整个画面（图 6-11-13）。

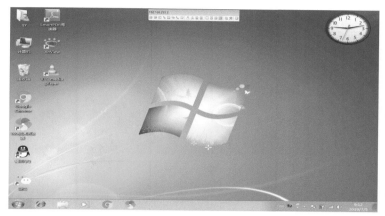

图 6-11-13

2. 在推流电脑上接收笔记本电脑桌面

然后同样在推流电脑上安装 Radmin Viewer，并创建"xxx 仅限查看"快捷方式。连接到远程笔记本电脑桌面，并运行在窗口里，以便 OBS 捕获窗口画面。

6.11.4 OBS 多场景设置

下面的场景源使用了"VLC 视频源"，这个菜单项需要安装 VLC media player，因此需要预先下载并安装 VLC media player 最新版。有关 VLC 的介绍请阅读 4.1 节。

1. OBS 基本设置

首先进入 OBS 设置界面，将音频设备全部禁用（图 6-11-14）。

图 6-11-14

再进入视频设置，将"基础（画布）分辨率"和"输出（缩放）分辨率"全部改为"1280×720"，"常用 FPS 值（帧率）"改为 25 PAL，以便与摄像机通过无线传输的视频格式保持一致（图 6-11-15）。

2. 增加3机位摄像机场景

在 OBS 主界面的"场景"面板里，单击下面的【+】可以添加场景。因为本案例会用到多个场景，故建议首先右键单击"场景"，弹出菜单，单击"重命名"，将其改为"主机位"（图 6-11-16）。

图 6-11-15

再单击来源面板下方的【+】，新建一个源，在弹出的菜单中选"VLC 视频源"（图 6-11-17）。

图 6-11-16

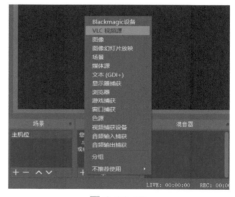

图 6-11-17

将这个新添加的源命名为"主机位摄像机"（图 6-11-18），再单击【确定】按钮。

进入"属性'主机位摄像机'"窗口，在"可见性的行为"右边弹出菜单中选"即使在不可见时也保持播放"，此选项可以保证流媒体源在后台持续保持连接，不然的话每次选择它时要重新连接，会导致短暂黑屏。然后单击"播放列表"右侧的【+】，在弹出的菜单中单击"添加路径 /URL"（图 6-11-19）。

这时会出现"编辑条目从'播放列表'"窗口，填写地址"udp://@:1234"（图 6-11-20）。

图 6-11-18

其中"@"表示本机，也可改成本机 IP。冒号"："后面的"1234"就是 6.11.2 小节中摄像机设置的目标端口号，然后单击【确定】按钮返回主界面。

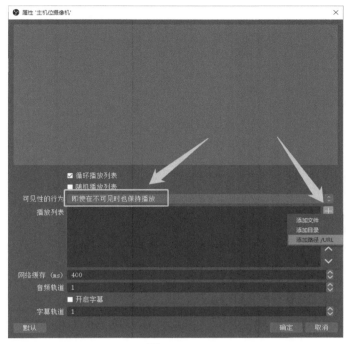

图 6-11-19

图 6-11-20

这时如果摄像机已经开机并启用了流媒体传输功能，应该就可以看到传来的视频。

实际应用中可能出现以下问题：

（1）无"VLC 视频源"菜单项。如果没有"VLC 视频源"菜单项，请事先安装 VLC media player，并且确定 VLC 与 OBS 软件都是 64bit 版本（或者都是 32bit 版本）。

（2）无法调出视频画面。如果上述设置都无误，但仍然不出现视频画面，则关闭 Windows 防火墙后再试一下。如果图像出现，则说明防火墙阻止了摄像机对端口 1234 的访问。处理办法就是在防火墙的入站规则中添加相应的允许访问端口，然后再启用防火墙。

（3）实际视频画面比例不正确。有时视频画面比例可能与 OBS 的画布不完全匹配，部分图像溢出画框（图 6-11-21）。

可以用鼠标右键单击画面，在弹出的菜单中选"变换→拉伸到全屏"，这样画面就能完全充满整个画布（图 6-11-22）。然后单击"来源"面板的"主机位摄像机"右侧的小锁图标，锁定画面，以防变形。

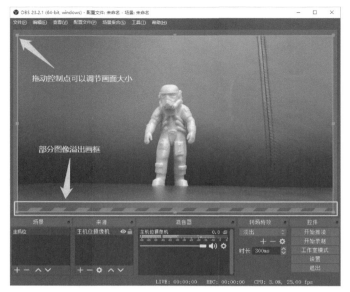

图 6-11-21

图 6-11-22

　　主机位增加成功后，重复上述操作，继续增加辅助机位和特写机位。本案例的 3 台摄像机场景对应的 VLC 源的 URL 和端口号如表 6-11-2 所示。

表 6-11-2

序号	场景	路径/URL
1	主机位	udp://@:1234
2	辅助机位	udp://@:1235
3	特写机位	udp://@:1236

注意

3个机位的端口号也可以设置成其他数字，但必须与3台摄像机设置的目标端口一一对应（参见6.11.2小节），否则VLC视频源就无法读取视频。

3. 增加电脑桌面场景

先确保已经运行 Radmin Viewer，并成功显示了笔记本电脑的桌面。然后添加一个场景，此处命名为"PPT 电脑"（图 6-11-23）。

图 6-11-23

再在"来源"面板中单击【+】添加源，新建一个"PPT 电脑桌面"，在弹出的菜单中选择"窗口捕获"（图 6-11-24）。

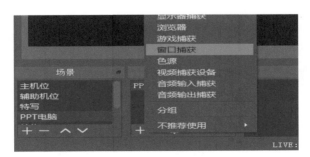

图 6-11-24

在"属性'PPT 电脑桌面'"窗口的"窗口"右边下拉菜单中，选择远程桌面的显示窗口（图 6-11-25）。

图 6-11-25

这时在 OBS 中就可以显示远程桌面图像了，将它调节到合适大小，并将抓取的窗口向上移动，使 Radmin Viewer 工具栏移到 OBS 画布区域之外（图 6-11-26）。

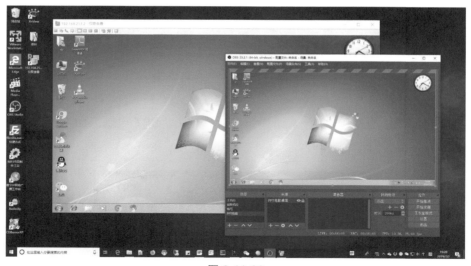

图 6-11-26

注意

远程桌面窗口可以移动，不要改变它的大小，更不能最小化，否则抓取的窗口尺寸会变化，甚至黑屏。

4. 声音的设置技巧

我们将无线话筒作为主声音连接到主机位摄像机上，当切换到其他摄像机或电脑桌面时，主声音就不再输出了，这肯定不符合我们的要求，那是不是要给每个摄像机都配一个无线话筒接收器呢？原理上可以，但是这样要使用更多器材，花钱多，还麻烦。可不可以参考 6.9 节，将无线话筒接收器连接声卡呢？这种方法会造成视频画面与声音不同步，因为摄像机通过无线流媒体传来的视频会延时 2 秒左右。

下面将介绍一个简单巧妙的方法实现这个需求，其原理是在其他每一个场景中都加入主机位的源，但是关闭它的视频，仅保留音频。

选择"辅助机位"场景，右边的"来源"面板已有"辅助机位摄像机"，然后在下方单击【+】再添加一个源，在弹出的"创建或选择源"窗口，先单击选择"添加现有"，然后在下面的列表中，单击选择"主机位摄像机"（即连接了无线话筒接收器的摄像机），然后单击【确定】按钮（图 6-11-27）。请注意：这里不能使用默认的"新建"选项！

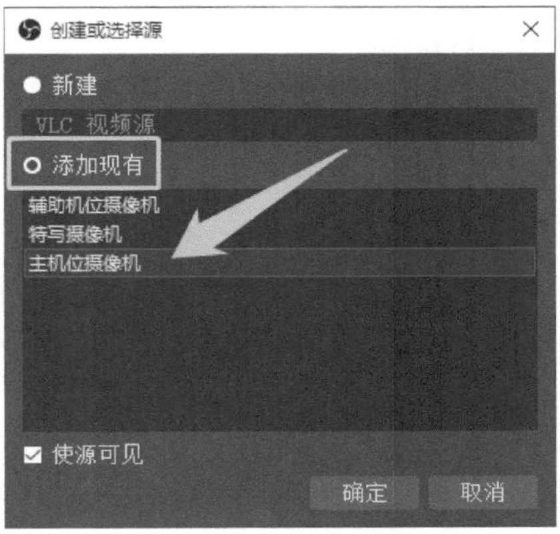

图 6-11-27

于是"辅助机位"场景的来源中，同时有"辅助机位摄像机"和"主机位摄像机"2 个摄像机源，再单击"上移"或"下移"图标，把"辅助机位摄像机"移到最上层，完全覆盖"主机位摄像机"的画面。在"混音器"面板中，单击"辅助机位摄像机"的小喇叭图标，将它的声音关闭，只保留"主机位摄像机"的声音（图 6-11-28）。

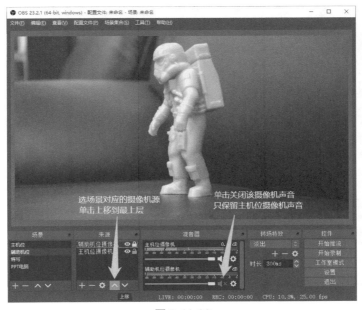

图 6-11-28

这样，当我们选择"辅助机位"场景时，看到的画面是"辅助机位摄像机"，听到的声音却是"主机位摄像机"的声音——也就是我们需要的主声音。

其他场景"特写"和"PPT 电脑"也按照同样的方法设置，不再赘述。这样，无论切换到哪一个场景，都会输出主声音。

5. 锦上添花——增加片头片尾

经过以上设置，本无线视频传输案例基本上已经可以使用了。如果愿意，还可以挑选几张图片和几个音乐文件，增加几个简单的场景做片头、片尾，或者作为直播过程中的休息提示。

例如，在 OBS 中，添加场景，名称为"片头"（图 6-11-29）。

图 6-11-29

在菜单中选择"图像"（图 6-11-30）。

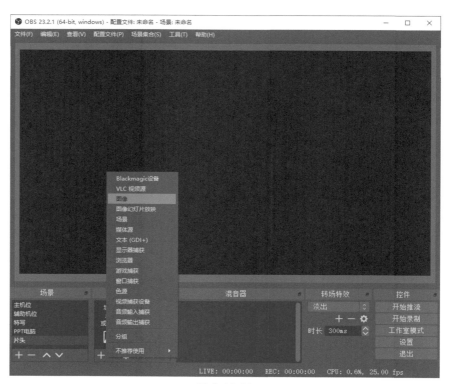

图 6-11-30

创建一个"新建"源（图 6-11-31）。

在"属性'图像'"窗口，单击【浏览】按钮，选择一个图像文件（图 6-11-32）。

图 6-11-31

图 6-11-32

在场景"片头"的"来源"面板，单击【+】，选择"文本（GDI+）"（图 6-11-33）。

图 6-11-33

新建一个文本源，单击【确定】按钮（图 6-11-34）。

出现"属性'文本（GDI+）'"窗口，输入文本，选择字体字号、色彩、轮廓等，单击【确定】按钮（图 6-11-35）。

图 6-11-34

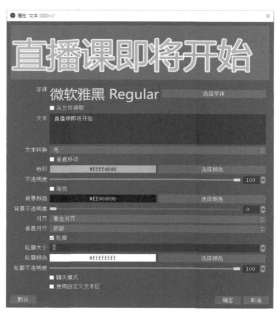

图 6-11-35

这时就可以在图片上看到文字了,将文字调整到合适的大小与位置。然后继续在此"片头"场景中增加新源,选择"媒体源"(图 6-11-36)。

图 6-11-36

新建一个媒体源,单击【确定】按钮(图 6-11-37)。

浏览找到一个 MP3 音频作为片头背景音乐(图 6-11-38)。

这样当选择场景"片头"时就会出现一个静止图片,并伴随背景音乐(图 6-11-39)。

图 6-11-37

图 6-11-38

图 6-11-39

其他片尾或中场休息画面的场景也可以按同样的方法设置。

6.11.5　直播与场景切换操作

单击主菜单"查看→多视图（窗口）"调出多视图窗口，此时就可以随时切换输出 3 个机位的摄像机画面、笔记本电脑桌面以及片头片尾等，如果配上触摸屏，操作就更方便了（图 6-11-40）。

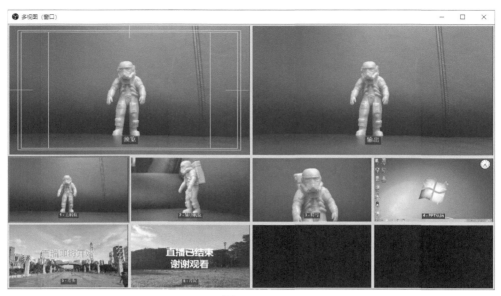

图 6-11-40

6.12　使用网络摄像头的多机位直播

　　网络摄像头价格低廉，使用方便，广泛应用于监控、视频会议等。本案例利用网络摄像头作为音视频源，电脑桌面也使用网络传输，导播人员可以在局域网的任何位置进行操作，案例概述如表 6-12-1 所示。

表 6-12-1

适用场景	适合教室、会议室等固定场合，用作经常性的直播
功能特点	多视频源切换直播，视频源包括多个摄像头、PPT 演示电脑桌面； 摄像头视频及 PPT 演示电脑桌面均以流媒体形式由网络传输
主要硬件	1 台 PPT 演示电脑（连接投影仪），运行在 Windows 系统上 1 台投影仪 以上为一般教室、会议室的常规配置 2 台高清网络摄像头（数量可增减），至少有 1 台带音频输入接口 1 个电容有线话筒 1 个调音台（或话筒放大器） 1 台用来推流的电脑（可布置在同一局域网的其他地方）
主要软件	OBS Studio，VLC media player，FFmpeg
操作人员	1 人（不包括演讲者）

6.12.1　设备连线

　　本方案的设备连线示意图如图 6-12-1 所示。

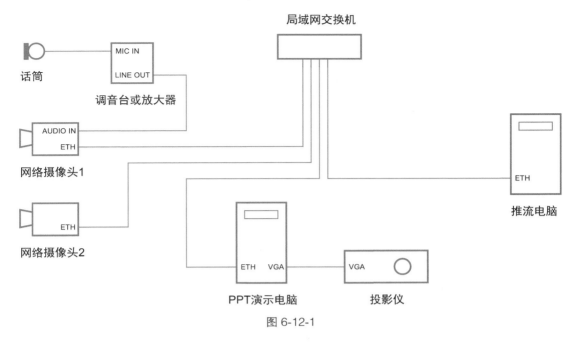

图 6-12-1

网络摄像头应支持 RTSP 协议，并支持视频 H.264 编码、音频 AAC 编码，且带有外接音频输入口。

如果主讲人的位置比较固定，可使用指向性话筒，这样可以减少环境噪声。话筒可吊装在天花板上，方向对准主讲人所在位置。如果主讲人活动范围大，且现场参与者也有发言，可采用全指向的话筒。

因为调音台只需要对一路话筒进行放大，故可以选用最简单的型号，如果有专用的话筒放大器，也可以使用。

话筒一般使用双芯屏蔽线、卡农或大三芯插头与调音台连接，调音台输出一般使用莲花转 3.5mm 插头连接到网络摄像头的音频输入口，图 6-12-2 所示为某型号的网络摄像头背板，"Line in"即音频的线路输入口。

图 6-12-2

PPT 演示电脑与投影仪的连接按常规方式即可，推流电脑与网络摄像头、PPT 演示电脑接入同一局域网，确保它们可以互相访问。

6.12.2 电脑桌面传输技术准备

在 6.11 节的案例中，使用 Radmin 传输电脑桌面画面的效果很好，但是用它传输声音比较麻烦，并且软件也不是免费的。

本案例使用免费软件 FFmpeg 传输桌面音视频，关于 FFmpeg 的安装，以及批处理脚本在不同版本的 Windows 系统下的编写窍门，请参阅 4.2 节和 6.3 节的相关内容。

1. 启用 Windows 隐藏的设备——立体声混音

在 PPT 演示电脑上，用鼠标右键单击 Windows 任务栏右边的小喇叭图标，打开"声音"设置窗口，单击"录制"选项卡，在空白处单击右键，弹出一个菜单，将"显示禁用的设备"打钩，这样就能看到显示为"已停用"的"立体声混音"设备，右键单击它，在弹出的菜单中选"启用"，然后选择"立体声混音"，单击下方的【设为默认值】按钮，可以看到"立体声混音"设备上叠加了一个钩（图 6-12-3）。

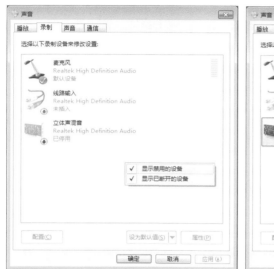

图 6-12-3

这个"立体声混音"是什么呢？它相当于这台电脑声卡的混合汇总的输出，电脑上播放的音乐、聊天软件的提示音等都在其中，有的软件称之为"您所听到的声音"。将"立体声混音"设为默认值后，从它所捕获录制的声音就是电脑输出到外接音箱的声音了。

2. 查询"立体声混音"设备标准名称

打开命令提示符窗口，输入如下命令：

```
ffmpeg -list_devices true -f dshow -i dummy
```

将列出所有 DirectShow 设备，如图 6-12-4 所示，其中音频设备的名称出现了乱码，如果还不清楚这个乱码到底是什么，请参阅 6.3.1 小节。

经过查证，该设备的实际名称为"立体声混音 (Realtek High Definition "。

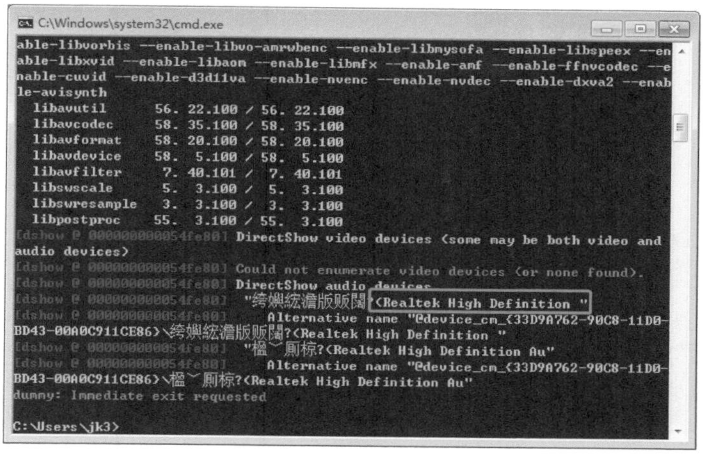

图 6-12-4

3. 发送桌面画面与音频

在 PPT 演示电脑上，用记事本创建一个批处理脚本，内容如代码清单 6-12-1 所示，保存为"桌面音视频推送 .bat"。

代码清单6-12-1　桌面音视频推送 .bat

```
ffmpeg -f gdigrab -framerate 25 -i desktop -f dshow -i audio="立体声混音
(Realtek High Definition " -b:v 6000k -f mpegts udp://10.2.5.65:1238
pause
```

脚本共有 2 行，第一行比较长，部分参数在 4.2 节的屏幕捕获应用案例里已经介绍过了，其他参数的功能如下：

audio="立体声混音（Realtek High Definition "audio= 后面紧跟的就是"立体声混音"设备的中文加英文的标准名称，用半角双引号包围，这里的名称跟电脑的声卡类型有关，请留意所用电脑声卡的实际名称，确保一个空格都不能少，否则将调用失败。比如图 6-12-4 中，中文与"(Realtek High Definition "之间有一个空格，最后还有一个空格！

-f mpegts 表示输出的视频流以 mpegts 方式编码，默认为 mpeg2 编码，虽然它所需的码率比 H.264 高，但它所需的 CPU 利用率更低，延时更小。

udp://10.2.5.65:1238 表示使用 UDP 协议推送音视频流到目标 IP 和 1238 端口，请按自己的推流电脑实际 IP 书写，端口号也可自行修改。

第二行为暂停命令，当执行出错时可以显示提示信息，用于调试，如果执行正常了，可以删除。

双击"桌面音视频推送 .bat"，正常运行的界面如图 6-12-5 所示。

4. 接收远程桌面的画面与音频

在推流电脑上，同样也用记事本编写一个脚本，保存为"获取远端桌面 .bat"，内容如代码清单 6-12-2 所示，这个脚本使用 ffplay 播放 PPT 演示电脑推送过来的视频流。

图 6-12-5

代码清单6-12-2　获取远端桌面 **.bat**
1　ffplay -fflags nobuffer udp://127.0.0.1:1238
2　pause

-fflags nobuffer 表示播放时不使用缓存，这样可以降低延时，实际延时大约为 1 秒。

udp://127.0.0.1:1238 表示读取本机的 IP 及端口，此端口 1238 与代码清单 6-12-1 中一致。

双击运行"获取远端桌面 .bat"，正常情况下稍等片刻会出现 2 个窗口，一个显示的是命令提示符窗口，另一个显示远程桌面的图像（图 6-12-6），同时远程桌面正在播放的音频也会在本机播出。

图 6-12-6

5.　改进发送桌面的脚本

至此，已经完成了 PPT 演示电脑的桌面与音频的同时传输，不过，命令提示符窗口有点儿碍事，如果操作电脑时不小心将它关闭，将导致桌面传输中断（参见 6.8.3 小节）。

下面我们在演示电脑上再写一个脚本，将这个执行命令放入后台。打开记事本，输入代码清单 6-12-3 的内容，并将文件保存为"开始推送 .vbs"。

代码清单6-12-3　开始推送 **.vbs**

```
1  DIM objShell
2  set objShell=wscript.createObject("wscript.shell")
3  iReturn=objShell.Run("桌面音视频推送.bat", 0, TRUE)
```

这是一个 VB 脚本，其中 objShell.Run() 调用之前保存的"桌面音视频推送 .bat"脚本，请注意文件名要一致。双击"开始推送 .vbs"或右键单击并打开它，在任务管理器中可以发现 ffmpeg.exe 在后台运行（图 6-12-7）。

图 6-12-7

6. 停止发送桌面

再编写一个脚本，内容见代码清单 6-12-4，保存为"停止推送 .bat"。

代码清单6-12-4　停止推送 **.bat**

```
1  taskkill /im wscript.exe /t
2  pause
```

只要双击"停止推送 .bat"，就能停止桌面传输了（图 6-12-8）。

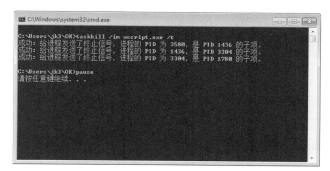

图 6-12-8

总结一下桌面传输所用的脚本，如表 6-12-2 所示。

表 6-12-2

序号	脚本名称	功能或用途	所处位置
1	桌面音视频推送 .bat	被 vbs 调用	演示电脑
2	开始推送 .vbs	开始传输	
3	停止推送 .bat	停止传输	
4	获取远端桌面 .bat	接收	推流电脑

6.12.3 网络摄像头音视频调用

网络摄像头在 OBS 中可使用 VLC 视频源进行调用，调用方法与 SONY 摄像机的流媒体视频的调用类似，所不同的是协议与地址端口。

1. 设置主机位摄像头

运行 OBS 软件，首先将第一个场景命名为"主机位"，然后增加一个源，选择"VLC 视频源"（图 6-12-9）。

创建一个源，将这个源命名为"主机位摄像头"（图 6-12-10）。

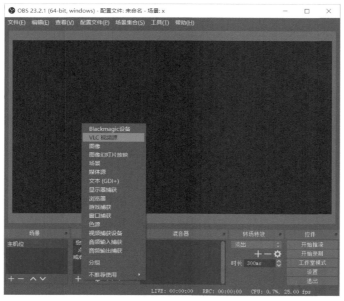

图 6-12-9

图 6-12-10

在"属性'主机位摄像头'"窗口，在"可见性的行为"右边选择"即使在不可见时也保持播放"，单击"播放列表"框右边的【+】，选择"添加路径 /URL"（图 6-12-11）。

在"将条目添加到'播放列表'"窗口，填写摄像头视频的调用地址。摄像头一般使用 RTSP 协议传输视频，常见地址类似"rtsp:// 用户名 : 密码 @IP"（图 6-12-12），也有摄像头不需要用户名与密码。

图 6-12-11

图 6-12-12

　　填写完毕，单击【确定】按钮，回到 OBS 主界面，稍等片刻就能显示摄像头视频了（图 6-12-13）。如果无显示，请对照摄像头的使用手册确认调用地址、端口及用户密码是否正确。

图 6-12-13

2. 设置全景机位摄像头

再增加一个场景"全景机位"（图 6-12-14）。

并且新建一个源"全景机位摄像头"（图 6-12-15）。

图 6-12-14　　　　　　　　　　图 6-12-15

其余设置过程与主机位摄像头一样，在"添加路径 /URL"里填写全景摄像头的地址，这样 2 个机位的摄像头就都设置完毕了（图 6-12-16）。

由于现场的拾音话筒是连接在主机位摄像头上的，因此需要在场景"全景机位"的源中，再添加一个"VLC 视频源"，注意此时先单击选"添加现有"，然后再选择"主机位摄像头"并单击【确定】按钮（图 6-12-17）。

图 6-12-16　　　　　　　　　　图 6-12-17

这样在选择到"全景机位"场景时，"来源"里包含 2 个摄像头，将"主机位摄像头"移到最下层（不显示），并将"混音器"的"全景机位摄像头"的音频禁用，只保留"主机位摄像头"的音频（图 6-12-18）。

图 6-12-18

这样做的目的是当场景切换到全景机位时，仍然可以听见主机位摄像头传来的声音。具体原理请参阅 6.11.4 小节声音设置技巧的相关内容。

6.12.4 电脑桌面画面和音频调用

首先在 PPT 演示电脑上运行桌面直播脚本"开始推送 .vbs"，并播放音频用来测试，然后在推流电脑上运行 ffplay 播放脚本"获取远端桌面 .bat"，确保可以看到远程桌面图像，并听到它的声音。

添加一个场景"电脑桌面"（图 6-12-19）。

图 6-12-19

在"来源"中添加一个"窗口捕获"（图 6-12-20）。

并且新建一个"窗口捕获"源（图 6-12-21）。

图 6-12-20

图 6-12-21

在"属性'窗口捕获'"的"窗口"项选 ffplay 的播放画面（图 6-12-22）。

回到 OBS 主界面，右键单击桌面画面，单击菜单"变换→拉伸到全屏"使其充满屏幕（图 6-12-23）。

图 6-12-22

图 6-12-23

　　进入 OBS 的音频设置，在"设备"列表中，将"桌面音频"改成当前推流电脑的默认设备，如图 6-12-24 所示，图左边 Windows "声音"设置里的默认设备是"扬声器"，图右边 OBS 音频设置的桌面音频也是"扬声器"。

　　这样切换到不同场景时，混音器中都包含 PPT 演示电脑发出的声音了，图 6-12-25 的左、中、右图分别显示了切换到主机位、全景机位和电脑桌面时，不同场景下混音器中都有"桌面音频"的情况。

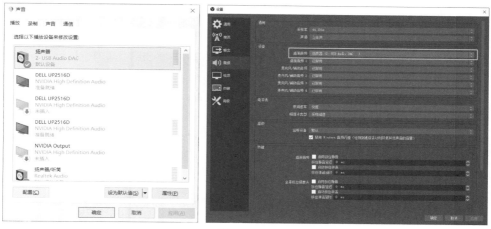

图 6-12-24

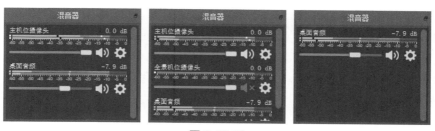

图 6-12-25

还有一种方法，就是在场景的"来源"中添加"音频输出捕获"（图 6-12-26）。

图 6-12-26

选择当前的推流电脑的默认播放设备（图 6-12-27）。

图 6-12-27

这个方法与在 OBS 的"音频"设置中进行操作的区别在于，前者是全局性的，所有场景的混音器都会有远程桌面的声音，而本方法可以对每个场景进行区别性的添加及设置，比如对不同场景进行独立的音量大小调节，或者决定是否使用该音频等。

使用全向话筒拾音会感到环境背景噪声较大。如果有条件，可以采取在墙上敷设吸音板、吸音棉等措施。除了物理降噪措施，还可以使用 OBS 的噪声抑制滤镜（请参阅 3.2.5 小节的有关内容）。

6.12.5　直播与场景切换操作

打开 OBS 的"多视图（窗口）"进行导播切换操作。如果有需要，可增加一个片头场景做直播前的提示，当然增加更多的网络摄像头场景也没有问题（图 6-12-28）。

图 6-12-28